U0070237

黃文騄、李芝靜——著

飛越敵後3000浬

黑蝙蝠中隊與大時代的我們

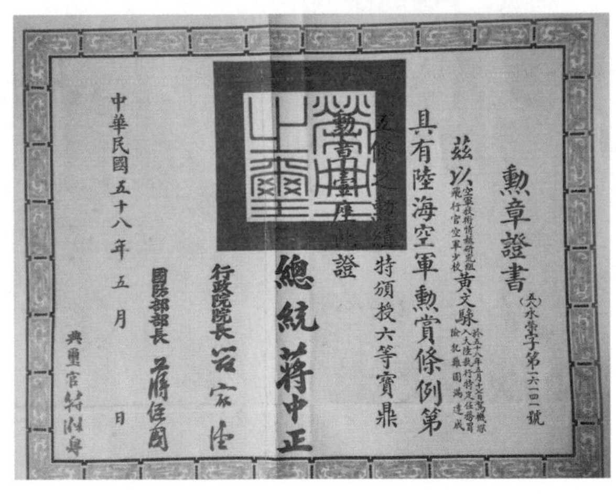

勳章證書

（五八）永榮字第一六一四一號

茲以空軍技術情報研究組飛行官空軍少校黃文騄於五十八年五月十七日駕機深入大陸執行特定任務冒險犯難圓滿達成

具有陸海空軍勳賞條例第[illegible]條之勳績

特頒授六等寶鼎

勳章壹座此

證

總統　蔣中正

行政院院長　嚴家淦

國防部部長　蔣經國

中華民國五十八年五月　日

典璽官　符滌泉

1｜2
3

1：空軍官校第33期隊徽。

2：執行低空偵查任務之黑蝙蝠中隊（空軍34中隊）隊徽。

3：黃文騄獲頒六等寶鼎勳章殊榮。

謹以此書獻給黑蝙蝠中隊隊員及夫人

代序一

李崇善（黑蝙蝠中隊資深成員與隊徽設計人）

1960年代，世界強權的美、蘇兩大集團，實施冷戰，肇致世局詭異，全球不安。緊接著又燃起了慘酷的越南戰火！中、美雙方政府，為因應時勢，乃責令空軍總司令部情報署；協調美方，調整員額、更新機種、精進裝備、充實戰力，並做成多項戰鬥方案，配合情勢，適切運用，以確保民主世界之自由安康。

黃文騄將軍，當年官階上尉，服務於空軍屏東基地，學優技高，適逢其時。奉命征召參加駐地新竹之空軍特種部隊（黑蝙蝠中隊），執行深入敵後，從事電子偵察機密任務，讓他得以直接參加戰鬥，馳騁疆場，以償他積極報國之宿願。

黃將軍報到後，先後在國內外完成P2V、P3A、C-123、C-130及DHC-6等機種之專業訓練，成績優異，列為黑蝙蝠中隊的飛行高手。循序執行「蒼鷹計畫」、「南星計畫」、「奇龍計畫」以及「金鞭計畫」。不避艱險，深入敵區，精研戰術，發揮潛力，達成使命。尤以執行「奇龍計畫」，航程艱巨，跨國突擊，登峰越境，深入敵營。耗盡心力，奮勇前衝，精算細辨，分秒必爭，堅持信念，終底完成。績效卓著，成果精湛，國際賀電，佳評潮湧！奉政府核頒「寶鼎勳章」壹座，蒙當年國防部長蔣經國先生親臨頒發配掛，儀式至為隆重。此也為黑蝙蝠中隊成軍以來，獲頒位階最高之勳章，堪稱空前絕後，全體隊友均讚譽欽羨，與有榮焉！

夫人李芝靜女士，賢淑端莊，出身名門，與黃將軍英雄美人，相得益彰，佳偶天成，至恩至愛，鶼鰈情深；培育子女，教養有成；家庭幸福，鄰里稱頌！夫人熱心教育，除主持中饋，相夫教子外，且應聘擔任中學教師，作育英才。她珍惜每寸光陰，孜孜不倦，勤學進修，次第完成碩士、博士學位，更執教於最高學府，春風化雨，為國儲才。退休後仍應聘擔任研究生指導教授多年，不辭辛勞，樂在其中。為教育奉獻終身。以償她從少女時代就立定之教育報國宏願！

文騄將軍，於民國62年黑蝙蝠中隊完成時代使命解編後，奉調空軍松山指揮部座機組上校組長，專任總統座機機長之責。績效優異，屢蒙獎勉，任滿後，榮升為空軍總司令部情報署副署長之職，晉升少將，他得以發揮籌謀策劃之潛力，任內完成多項時代型軍情蒐集方案，深具貢獻。退休後，方始息肩！他欣慰的完成了自幼即抱定保衛國家之雄偉心願！

本書為芝靜博士之精心著作，率真亮麗，落落大方，純美潔淨，誠摯感人，是一部樸實無瑕之人生紀錄，開明正直的生活奮鬥典範。盼能與當今的青年朋友們，共同欣賞，互相勉勵，停止徬徨！趕快立定志向，樂觀、進取、奮鬥，腳踏實地，勇往直前，因為幸福、成功正在歡欣鼓舞的舉起雙手，等待在大家的正前方！

李崇善 敬識
2017年6月1日

點的份量拉到了一比一，非常難得。我想這得歸因於兩點：首先是李老師是留美博士，屬於高級知識份子，這在當年的空軍的眷屬圈當中非常罕見。其次是李老師有寫日記的習慣，所以她可以很精確的撰寫過去生活的點點滴滴。所以這本書不只是寫給對國軍軍事歷史有興趣的讀者，也是一個大時代的縮影，記錄兩個外省軍眷家庭來台後的生命歷程。

黑蝙蝠中隊可說是政府遷台以來空軍犧牲最慘烈的一支部隊，總共有142名空勤人員及5名陸軍支援的傘兵殉職，除了單身未婚者之外，每一位陣亡人員就代表一個破碎的家庭。對於其他眷屬而言，就算自己的丈夫日後全身而退，但這段期間擔心受怕的壓力不是外人可以想像。李老師的這本書，不只寫她自己，其實也是代表眾多偉大的黑蝙蝠眷屬。

很高興李老師有能力，也有這個意願將夫婦倆的生命故事整理出來，我除了受邀審稿之外，也很榮幸寫序，相信黃教官在天之靈看到本書出版也會感到欣慰。

傅鏡平

2017年7月11日於台北市

自序

本書可視為《敵後飛行三千浬：前黑蝙蝠中隊黃文騄將軍回憶錄》（知兵堂，2013）的後續報導。原書是黃文騄將軍飛行生涯的回憶，記述他在空軍三十四中隊（俗稱黑蝙蝠中隊）飛行任務的點滴，由黃文騄口述並提供書面資料，再由第二作者李芝靜（黃文騄之妻）紀錄及整理這兩種資料後出版；本書則加入第二作者李芝靜自讀大學開始數十年來不間斷的日記資料，配合黃文騄各階段生涯發展，描述他飛行生涯各階段的家庭生活，使黃文騄飛行生涯各階段的紀錄內外兼顧、剛柔並濟，以期對他的生涯描述更臻完美，也使讀者得以窺知黑蝙蝠隊員的夫人們對黑蝙蝠隊員及家庭的貢獻，以紀念因夫人們的付出，方使隊員們得以全力以赴執行任務而無後顧之憂。

本書得以完成首先要感謝空軍戰史專家傅鏡平先生熱心的協助。他對我國空軍飛機機種的服役歷史、飛行紀錄的解讀，以及空軍特種部隊各項任務的熟稔，實在令第二作者佩服。《敵後飛行三千浬》完稿後，黃文騄將軍不幸辭世，該書倉促出版，第二作者李芝靜深感原稿之不足，乃有本書的出版。在傅先生細心的指引下，舉凡書中照片的說明、第二、第三章描述的錯誤及第九章描述的疑點，均蒙傅先生一一指出，並與傅先生討論後方始定稿。

其次第二作者也感謝當年奇龍計畫三位領航官馮海濤、黃志模、何祚明先生的協助。馮海濤先生多次提供口頭資料，使第二作者得以修改原稿；何祚明先生用英文在e-mail上回答第二作者有關奇龍計畫的問題，因何先生不擅中文輸入，但第二作者依據英文說明寫出的稿件仍不免有敘述不足及對專有名詞無法瞭解之處，乃邀黃志模、何祚明兩位先生親臨第二作者家中，坐在電腦旁，一字一句修正第九章奇龍計畫中的描述；黃志模先生因在黑蝙蝠中隊解散後，與黃文騄一起調至專機中隊，對第十章黃文騄在專機中隊的某些工作做了補充，也對黃文騄在飛行紀錄中的若干片段做了解讀。沒有他們的協助，第二作者也無法將書中的種種細節呈現在讀者眼前。

第二作者也感謝黃文騄的空軍官校的同期同學王長文、林功杰兩位先生在《敵後飛行三千浬》中提供學員在官校生活點滴；也謝謝李崇善先生、傅鏡平先生為本書撰寫序文；本書編輯洪仕翰先生的排版、校稿也一併致謝。

本書的撰述多係第一作者黃文騄及三位領航官馮海濤、黃志模、何祚明先生的親身經歷，較坊間引用的二手資料正確詳實，特別有關奇龍計畫的訓練及執行，更值得喜好及研究空軍戰史者的參考。

第二作者　李芝靜　謹識於民國107年2月7日

目次

附錄

前言

民國58年6月14日，一個星期六的清晨，我很早就醒了，望著窗外的曙光，各種複雜的感覺浮上心頭，覺得有點興奮、還有點緊張，甚至也有點感傷，因為那天上午我們空軍三十四中隊全組十二名軍、士官，包括副隊長孫培震上校、飛行官楊黎書少校；領航官何祚明少校、馮海濤、廖湟楹上尉；電子官陳崎山、劉恩固少校、史冬慶少校；機械官易佑能少校；空投士劉桂生、桂興德士官長及我，將在總統府後面的國防部蒙部長蔣經國先生召見並授勳。

授勳的原因是我們剛於一個月前，也就是5月17日，在孫培震副隊長率領下，駕駛經美國中央情報局改裝的C-130E，從泰國Takhli美國空軍基地起飛，在全體組員全力合作下，經泰國北部清邁、緬甸曼德勒、密支那翻越喜馬拉雅山進入大陸，沿青康藏高原東側到甘肅省酒泉，再轉向東北，在內蒙古的馬鬃山目標區，成功的投下兩個核子武器偵測儀，再依照原航線，回到泰國，來回共飛行了約三千五百浬[1]完成了美國空軍一年多就已嘗試卻失敗的任務。這次任務如果失敗，不但台灣軍方不會提隻字片語，美國當然也會否認到底，因為我們駕駛的是一架無國籍、無任何美國裝備記

[1] 浬；即海里。空軍對飛行速度及距離的計算慣用海里，1浬（nautical mile）=1.852公里（kilometer），對任務來回距離的換算在第九章會有比較詳細的說明。

青天白日頒給作戰有功軍人的至高榮譽。頒獎完畢，蔣部長又說了一些勉勵及嘉許我們的話，在孫副隊長號令下，我們行舉手禮之後，授勳儀式結束；儀式後我們又分站兩排，我站在後排中，與蔣部長及三位高級長官合影，結束了整個頒獎典禮。

我們服務的空軍三十四中隊是美國中央情報局以西方公司名義，與我國最高當局洽商，由美國提供飛機及設備，蒐集中國大陸內部情資而成立的。為了蒐集情資時目標不被發見，需在夜間執行任務；為了躲避中共雷達的偵測，也需要低空飛行，因我們中隊總是在夜間出沒，俗稱黑蝙蝠中隊。獲得寶鼎勳章的夜間奇襲行動，我國軍方命名為「奇龍計畫」，美國方面的代號則為「Heavy Tea」，該任務自飛入中國領空直到返航在泰國落地的十二小時，我都是正駕駛，但任務的達成是我們十二人合作無間的結果。

我是黃文騄，當時是37歲的少校飛行官；我的妻子是李芝靜，當時是29歲三個孩子的母親，也是全職家庭主婦。以下先在第一部份簡單敘述我們這趟任務的時代背景，再於第二部份介紹我們的成長、成家、軍中及家庭生活、執行奇龍計畫和後來生涯發展的故事。

本書作者黃文騄、李芝靜，攝於屏東公園，民國49年1月3日。

壹

大時代的故事

第一章

詭譎的台海風雲

台海兩岸對峙形勢的形成與演變（1949－1979）

第二次世界大戰結束後，原先結盟對抗納粹德國的美蘇兩國成為世界上僅有的兩個超級大國，但兩國因經濟利益和政治體制的差異，而形成兩個壁壘分明的陣營：美國及其他北約成員國為資本主義陣營，而蘇聯及其他華沙公約成員國則為社會主義陣營，雙方也因此展開了數十年的冷戰對立。冷戰期間，美蘇雙方均持有大量核武器，具有相互毀滅能力。直到民國80年（1991）底蘇聯解體後，這種以美國及英國為首的傳統西方列強與以蘇聯為首的共產國家之間長期的政治對抗方才較為緩解。

在數十年的冷戰中，雙方的關係和冷戰的激烈性也不斷變化。他們透過軍事的結盟、戰略部隊的布署、對第三國的支援、間諜和宣傳、科技競爭（如太空競賽）以及核武器和傳統武器的軍備競賽來進行非直接的對抗。美蘇雙方在許多第三世界的國家進行了一系列政治和軍事的衝突，包括了拉丁美洲、非洲、中東、和東南亞地帶。在數十年的冷戰中，雙方的關係和冷戰的激烈性也不斷變化。重大的幾次衝突事件包括了柏林封鎖（1948-1949）、朝鮮戰爭（1950-1953）、蘇伊士衝突（1956）、古巴飛彈危機（1962）、越南戰爭（1959-1975）、蘇聯入侵阿富汗（1979-1989）、蘇聯擊落大韓航空007號班機（1983）以及北約優秀射手演習（1983）等。

第二次世界大戰結束不久，中國共產黨領導的中國人民解放軍因中日戰爭得以休養生息而勢力大增，中國國民黨領導的國民革命軍卻因中日戰爭而損失慘重，加以人民解放軍已深得廣大農民愛戴，為推翻中國國民黨統治而進行的國共內戰爆發後，至民國38年底，中國共產黨控制中國大部分地區，中華民國政府退往台灣。此時台灣人心惶惶，直到民國39年6月25日韓戰爆發，美國評估若台灣落入共產陣營手中，將衝擊太平洋地區整體安全，美國杜魯門總統遂於兩天後下令第七艦隊協防台灣。台灣除了依附美國別無其他選擇，在第七艦隊協防下，社會逐漸安定、經濟逐漸發展，但也成為美蘇冷戰下美國的一顆棋子。

基於中華民國政府遷台後美蘇對抗的冷戰態勢，台灣被劃為美國西太平洋防線的一環，民國43年（1954）12月2日，與我外長葉公超在華府與美國國務卿簽署《中美共同防禦條約》，條約屬防禦性質，主旨在對抗侵略、維持和平。該條約使美國得以在某種程度限制台灣軍事部署和行動，其後中華民國政府幾度有反攻大陸的計畫都被阻止。民國47年（1958）八二三炮戰爆發，美國提供物資和武器等資源協助台灣，但避免直接參戰；同年（1958）10月，蔣總統與美國國務卿杜勒斯共同聲明，放棄以武力反攻大陸。民國58年（1969）尼克森總統為實現與中國關係正常化，下令縮小台海巡邏規模，至民國68年（1979）年台美正式斷交，《中美共同防禦條約》失效，4月26日美軍協防台灣司令部舉行最後一次降旗典禮，7月15日台海巡弋終止。美國改以《台灣關係法》對台軍售，結束了第七艦隊長達30年協防台灣的任務，但美國對中華民國政府一如對待大部分的非社會主義國家，影響甚至操控並未停止。

中華人民共和國的壯大與擁有核武（1949－1996）

民國38年（1949）中國共產黨在北京建立中華人民共和國，民國39年（1950），中華人民共和國和蘇聯簽署《中蘇友好同盟互助條約》。韓戰期間，蘇方向中國提供軍事援助，包括一千架米格15型飛機，以及對東北和中國運輸系統軍事工業援助，由蘇方援助中國現代化和機械化武裝部隊，一直在朝鮮停留到停戰之後，中國生產出模仿和複製的蘇式重型大炮和坦克，在蘇聯許可下開始自行生產米格飛機，同時中國海軍配備由蘇聯提供後由中國仿製潛艇。這一時期蘇聯大量向中國提供較先進軍事技術及中國仿製蘇式武器，很大原因是蘇聯高層爭奪史達林繼承權的緣故。

民國42年（1953）至46年（1957），中國實施第一個五年計畫，這是中華人民共和國奠定工業化初步基礎重要時期。後來落實工程共150項，其中44項是軍工企業，包括陸、海、空三軍各種主戰裝備製造廠。赫魯雪夫時代對中國提供最重要援助，是幫助建造核彈、飛彈生產企業和相關技術。從1957年末起，蘇聯開始履行協議，對中國提供了R-2飛彈作為中國飛彈事業起步最早樣品。翌年，蘇聯又向中國提供所需核工業設備，並派出近千名專家，建成湖南和江西鈾礦、包頭核燃料棒工廠及酒泉研製基地、新疆核實驗場，中國進入核工業建設和研製核武器新階段。在遭受全球大多數資本主義國家封鎖、禁運環境下，中國通過等價交換外貿方式，接受蘇聯和東歐國家資金、技術和設備援助。建設以「156項」為核心近千個工業項目，使中國以能源、機械、原材料為主要內容的重工業，在現代化道路上邁進了一大步。以「156項」為核心、以900餘個大中型項目（限額以上項目）為重點工業建設，使中國建立獨立自主工業體系雛形。

民國47年（1958）夏天，中蘇因「長波電台」和「聯合（潛艇）艦隊」事件發生爭執。翌年6月，赫魯雪夫通知中國「暫緩兩年」向中國提供原子彈樣品和製造技術。民國49年（1960），中蘇關係急遽惡化。次年10月中蘇正式決裂。中蘇決裂後，蘇聯對中國的援助也大大減少直至終止。但中國仍然繼續發展第二個五年計畫，在不到10年時間內，中國以幾十億元人民幣費用就建立起配套國防工業基礎，在世界近現代歷史上，創造了成本最低和規模擴充又大又快的空前紀錄。

民國53年（1964）10月16日15時整，中國第一顆原子彈在新疆羅布泊試爆成功；民國55年（1966）10月27日，飛彈核武器試驗成功；民國56年（1967）6月17日，中國第一顆氫彈爆炸成功，這是第六次核試驗中引爆了自行研發的類似泰勒-烏拉姆設計方案的多級熱核炸彈，與第一次引爆裂變彈相距僅32個月，是從裂變到聚變核彈發展最快的國家；1980年10月16日，最後一次大氣核爆炸。1986年3月21日，中國政府正式宣布不再進行大氣層核試驗；1996年7月29日，成功進行了一次地底核試驗，中國政府聲明從7月30日起開始暫停核試驗。

中華民國空軍在冷戰時期扮演的角色（1952－1974）

美蘇冷戰期間，這兩個強權國家透過各種軍事、外交、威脅、利誘、科技競爭及軍備競賽來進行非直接的對抗，對抗中有一項頗具特色的方式就是間諜戰。中華人民共和國自民國39年加入韓戰後，從對蘇聯的依賴到國防工業基礎的建立、核子武器的發展，使美國意識到對中國實力的了解有其必要性，當時台灣是美國在亞洲太平洋地區蒐集中國情報最重要的一環，特別是對中國電子情報的蒐集。美國認為要了解中國實力的最便捷的方法是由中華民國空軍自台灣基地出發，對中國大陸進行情報蒐集，因台灣一直視大陸為自己的領土，有權飛往自己的領空，美國只要提供飛機及設備，美國不必犧牲自己的飛行員，也不致背負侵犯他國領空罪名。

因為中華民國的空軍訓練精良，又接近中國的飛行基地，還有台灣海峽兩岸微妙的敵對的形勢作為掩護，加以台灣和美國之間的《中美共同防禦條約》，維繫了雙方的軍事同盟，故在蒐集中國核子實驗場、飛彈發射基地等重要軍事情資方面，台灣都具備了最佳條件。美國蒐集中國情資愈多，就愈有對中國談判籌碼。

韓戰之後，美國中央情報局以西方公司的名義，與我國最高當局指派的代表洽商，當時中華人民共和國尚未能有效統治中國大陸，許多地區還有中華民國敵後工作人員。中華民國政府急需美國的軍援和經援，也希望對中國大陸敵後工作人員空投補給品及遣送敵後工作人員跳傘進入中國大陸偏遠地區，所以中美雙方的約定因此形成，以西方公司為掩護，先於民國41年6月在桃園籌畫特種作戰部隊，民國42年遷往新竹，稱為空軍特種任務組，民國45年改稱空軍技術研究組，民國47年方對外使用第三十四中隊的番號（詳見第三章）；再於民國50年2月1日在桃園成立三十五中隊（詳見第二章），三十五中隊所用的偵察機是美國洛克希德公司出廠的U-2型飛機，該型飛機經改裝後機身重量減到極限，飛行高度可達七萬呎[3]，對外以「空軍氣象偵查研究組」宣稱作掩護。這兩個中隊即廣為人知的「黑蝙蝠」及「黑貓」中隊。

大致而言，三十四中隊執行低空偵察任務，三十五中隊以U-2機執行高空偵照任務。這兩個特種作戰中隊均由美國提供飛機及設備，並由我國空軍飛行員飛入大陸敵後，利用機上電子儀器執行偵察、偵照任務，所獲取的資料由中、美雙方共享，但美方所獲得的利益遠大於台灣。這兩個中隊折損甚多菁英，中華民國政府並未藉這些偵察任務向美國提出一些合理要求，殊為可

---

[3] 包柯克（2007）。序，頁5-7。翁台生、Chris Pocock著。黑貓中隊。台北：聯經。

惜[4]。隨著國際情勢微妙的變化、台海緊張情勢的趨緩、美國國務卿季辛吉祕密訪中國大陸、越戰逐漸收尾、衛星偵測技術的進步等因素，美國不再依賴中華民國空軍蒐集這類軍事情資，三十四中隊及三十五中隊分別於民國62年3月1日及民國63年11月1日宣告解散。

4 衣復恩（2007）。了卻一樁心願，頁1-4。翁台生、Chris Pocock著。黑貓中隊。台北：聯經。

第二章
中華人民共和國的神祕高空訪客

黑貓中隊的成立及解散

特種任務期間

民國47年10月，空軍總部情報署衣復恩署長、作戰署雷炎鈞署長聯合訪問桃園新竹、清泉崗、台南等基地，共選出12名戰鬥機飛行員，於民國48年3月送往沖繩美空軍卡迪那基地，做加壓室高空生理檢查，錄取的6人再於同年5月赴美拉佛林基地接受U-2高空偵察機飛行50餘小時訓練，同年8月楊世駒、陳懷、郗耀華、王太佑、華錫鈞等5人完訓後返台待命[5]。

民國49年（1960）5月1日，一架由美國飛行員包威爾駕駛的U-2高空偵察機在蘇聯領空被薩姆二型（SA-2）飛彈擊落，美國總統艾森豪被迫承諾不再以U-2高空偵察機在蘇聯領空進行偵照

[5] 楊世駒（2007）。尾聲：黑貓中隊偵察總結報告，頁233-241。翁台生、Chris Pocock著。黑貓中隊。台北：聯經。

任務，此事使台灣U-2計畫延後實施，同（1960）年11月中旬，中華民國空軍第三十五獨立中隊在桃園大園成立，該中隊經隊員討論後決定以「黑貓」作為隊徽，U-2高空偵察機仍沿用「蛟龍夫人（Dragon Lady）」為代號（見第一章）。至於黑貓隊徽，是飛行員陳懷生於民國49年，在駐韓美軍烏山空軍基地受訓時，以當時飛行員常去的附近一間小酒吧的名字與店徽為基礎（很可能就是基地裡的官兵俱樂部「Black Cat Lounge」），為U-2偵察機設計了一個黑貓圖案，飛行員們又特地訂作了一批標有黑貓圖案的夾克，因此35中隊被暱稱為「黑貓中隊」。因三十五中隊任務逐漸對外解密，大眾傳播媒體多以「黑貓中隊」稱之，使此名稱廣為人知，原來的三十五中隊幾乎漸漸被人遺忘，本文以下亦將三十五中隊執行特種任務期間的隊名以「黑貓中隊」稱之，以代替三十五中隊的官方名稱。

黑貓中隊自成立至民國63年撤銷編制期間，空軍共派遣三十多名軍官接受U-2高空偵察機訓練，命名為「快刀計畫（Razor Project）」[6]，有28名飛行員完訓並參與實際任務，作戰殉職者4人，訓練殉職者6人，全身而退者有18人，其中還包括滯留中國二十載的葉常棣、張立義（見第一章）2人[7]。

黑貓中隊主要任務為目標照相及蒐集電訊資料，U-2飛機每次攜帶八千呎照相底片，每次任務於飛機落地後，美方即以C-130將照相底片及錄音帶送往日本沖繩及美國本土沖印及分析，在中華民國政府要求下，美國中央情報局在桃園基地照相技術中隊旁，

[6] 沈麗文。（2010）。黑貓中隊：七萬呎飛行紀事。台北：大塊文化。

[7] 翁台生、Chris Pocock著。（2007）。黑貓中隊。台北：聯經。

新增U-2專用的照相沖印設施，提升空軍照相技術中隊的能力。

隨著國際情勢的變化及衛星偵測技術的進步等因素，美國中央情報局不再依賴中華民國空軍蒐集這類高空軍事情資，邱松州中校於民國63年5月24日執行完最後一次沿海近程偵照任務[8]，黑貓中隊於民國63年11月1日宣告解散，不再執行特種任務。

特種任務之後

民國66年後，第三十五中隊重新編制在427聯隊之下，配備武裝的T-33A教練機，全隊此時分成三個夜攻分隊和一個反電子分隊，為電子作戰支援部隊執行電子干擾及反干擾任務。1989年換裝自製的AT-3，第三十五中隊則改為獨立中隊性質的第三十五作戰隊，一般稱為「羚羊中隊」。民國81年改隸至新竹第499聯隊。後來為了統一後勤維修，調防至岡山基地，第三十五中隊解散後所有AT-3攻擊機均改裝為標準規格，並納入空軍官校飛指部編制中（見第一章）。

中隊任務簡介（1961－1974）

此處所介紹者為黑貓中隊執行特種任務期間的動態。

執行特種任務的黑貓中隊使用的U-2高空偵察機自台灣起飛

8　參考第一章註釋及傅中（2014）。飛虎、黑蝙蝠及黑貓。台北：知兵堂。

時，因台灣距大陸過近，為避開中共雷達，在本島上空飛行不超過四萬呎，需要高空七萬呎飛行時，則東飛至太平洋上空實施。民國50年四月中旬，U-2高空偵察機開始執行任務，航路、目標、起飛時間等皆由美方戰略司令部擬定，每天下午或晚間密電桃園黑貓中隊指揮室，經台灣最高當局同意，派遣飛行員二人待命進駐基地宿舍，次日凌晨視目標遠近，起床檢查身體後進食，再進情報室由相關人員作任務提示，再至個人裝備室呼吸純氧一小時，由專業人員協助穿著高空壓力衣，由氧氣專車送至跑道頭任務機座艙內準時起飛。

U-2高空偵察機第一次完成西北任務在民國51年1月13日，由陳懷少校出勤，目標為甘肅省雙子城附近中共飛彈發射台及機場；第二次完成西北任務在民國51年2月23日，由楊世駒中校出勤，目標為青海省格爾木（青海內海）原子工廠及蘭州鐵路沿線工業地帶。此後視目標區天氣狀況，隨時派遣執行偵照任務，舉凡東北之佳木斯、小豐滿電廠、瀋陽飛機製造廠、綏遠、北京、包頭、西安、成都、武漢、昆明、廣東、中越邊界、羅布泊原子彈試爆場等目標皆為U-2機偵照範圍。任務涵蓋面積一千餘萬平方公里，遍及中國大陸三十餘省（見第一章）。自民國50年至民國54年，U-2機直行深入中國大陸偵照任務三十餘次，至民國55年之後，多執行沿海偵照任務，共完成122次中國大陸高空偵察任務。至民國63年，黑貓中隊解散，撤銷所有任務。

此28名完訓飛行員依任務達成、作戰損失及訓練損失三類簡介如下：

任務達成者：共16人

1. 楊世駒上校：民國51年2月23日至民國58年5月16日，共完成8次任務。
2. 華錫鈞中校：民國51年3月17日至民國52年9月30日，共完成10次任務，在美國受訓期間，曾因U-2機油管破裂，燃油漏光而熄火，迫降於落磯山脈中一小鎮機場。後赴美國修習博士學位，任職於中山科學研究院，研發IDF戰機，晉升至二級上將。
3. 王太佑上校：民國51年4月2日至民國59年8月16日，共完成9次任務。第一次任務是自韓國群山基地出發，自山東石家莊、包頭、青海、蘭州，自福建飛回台灣，落地時油料已用罄。
4. 王濤上校：民國58年4月8日至民國62年4月25日，共完成19次近海偵照任務。
5. 王錫爵中校：民國53年7月7日至民國54年8月25日，共完成10次任務。民國54年完成10次任務後，入中華航空當機師，於民國74年劫持中華航空Boeing 747貨機叛逃至中華人民共和國。
6. 莊人亮少校：民國54年7月27日至民國56年12月13日，共完成10次近海偵照任務，但某次任務未登錄，僅記載9次。
7. 劉宅崇上校：民國54年7月31日至民國54年1月10日，共完成10次任務。
8. 鄒燕錦少校：民國56年8月10日至民國57年5月31日，共完成2次任務。
9. 范鴻棣中校：民國58年3月28日至民國65年6月19日，共完成11

訓練損失者：U-2機9架，飛行員6人

1. 郗耀華中校：民國51年4月2日至民國53年3月19日，最後一次在桃園機場做夜間起落訓練時失事，飛機偏出跑道起火殉職。
2. 梁培德少校：民國53年2月3日於本島航路照相訓練時，因操縱不當，飛機超速解體，墜落巴士海峽。
3. 王正文少校：民國53年12月9日至民國54年10月22日，共出勤6次，最後一次於本島航路照相訓練時，因操縱不當，飛機超速解體，墜落台灣北部三貂角深海中，僅發現部分飛機殘骸。
4. 吳載熙少校：民國54年3月12日至民國55年2月17日，共出勤6次，最後一次作高空照像訓練飛行，因高空發動機熄火下降，準備降落清泉崗機場，但因測場不準，迫降水湳機場，觸及民房失事，重傷殉職。
5. 余清長少校：民國54年7月20日至民國55年6月20日，共出勤6次，最後一次作高空訓練飛行中，發動油路破裂熄火，迫降沖繩外海沙灘失敗，失事殉職。
6. 黃七賢少校：民國57年10月20日至民國59年11月24日，共出勤7次，最後一次在桃園機場做起落訓練時失事殉職。
7. 范鴻棣少校：民國54年春，在美國亞里桑納州大衛山基地受訓時，於第二次飛行時曾因機械故障跳傘，機毀人安，後繼續完成訓練。
8. 盛世禮上尉：民國55年，在美國亞里桑納州大衛山基地受訓時，因操縱不當跳傘兩次，損失兩架U-2機，未能完成訓練，返台後回清泉崗基地[9]。

[9] 同前註。

第三章
中華人民共和國的神祕低空訪客

黑蝙蝠中隊成立及名稱沿革

特種任務之前

空軍第三十四中隊於民國34年3月1日成立於四川彭山，全名為「第三十四轟炸中隊」，隸屬空軍第八大隊，裝配B-24型機12架，同年10月該中隊進駐上海。

第二次國共戰爭期間，民國35年曾參加張北、宣化、懷來等地作戰；民國36年曾參加延安戰役，榆林及石家莊會戰；民國37年參加蘇北、東北各地戰役，12月部分人員移駐台灣新竹，作戰人員仍繼續於南京、上海等地作戰；民國38年，該隊參加徐蚌會戰、南京及上海保衛戰，並轟炸重慶號叛艦後調返新竹，民國39年初，該隊除繼續轟炸上海、廈門、金華、衢州、長汀等地區軍事目標，後半年多為訓練工作；民國40年6月1日，該隊由重轟炸中隊改為中型轟炸中隊；民國41年，八大隊接收美援P4Y機3

出過838架次的中國大陸偵察任務，因為作戰、訓練共喪失15架各型特種任務飛機，殉職人員高達142人，外加5名陸軍支援傘兵，我空軍任何一個飛行部隊都不會有這樣慘烈的犧牲。

以下以這四個計畫為主軸，也將四個計畫以外的其他針對中國大陸執行的任務歸納出來，依任務執行先後擇其要者就報紙、期刊、專書及空軍總部解密資料的記載做一些簡單的、代表性的說明。因作者親身參與「南星」、「奇龍」、「金鞭」計畫，而本章報導乃依據文獻，若有與第八章、第九章及第十章的敘述有出入處，請依以後各章敘述為準。

獵狐計畫

民國44年，美國太平洋司令部與我國空軍簽訂合約，將我國空軍第八大隊一架PB4Y-2S巡邏轟炸機加裝電子偵測裝備，由美軍教官來台訓練我電子反制官羅璞、李崇善中尉。八大隊也精選了一個飛行組，由呂德琪少校擔任機長，朱震中尉擔任副機長，領航官為柳肇純上尉、李滌塵中尉，通信官傅定昌上尉，機械官徐振源上尉及四位射擊士官長、一位士官，再加上這兩位電子反制官，全員共十三人，命名為獵狐小組。獵狐小組經六個月的密集訓練後，即深入大陸進行電子偵測任務。

獵狐小組自民國44年8月至45年5月間，使用PB4Y-2S巡邏轟炸機完成深入大陸任務14次，偵測地區涵蓋福建、廣東、浙江、江西、湖南、湖北、安徽等地，由於中美雙方及全體空地勤工作人員的努力，任務執行順暢，每次任務均圓滿達成，是百分之百成功的作戰計畫。「獵狐計畫」的成功，也奠定黑蝙蝠中隊繼續執行對大陸地區電子偵察的長期任務[12]。

民國56年以前其他針對中國大陸執行的任務

任務緣起及期間

自民國42年特種任務組遷往新竹基地執行深入大陸的偵測任務，直到民國56年技術研究組解除偵測任務為止，這15年間，除了以PB4Y-2S巡邏轟炸機執行「獵狐計畫」，空軍黑蝙蝠中隊尚以B-17、B-26、C-54、P2V、P-3A等型飛機執行對中國大陸情報蒐集任務。

民國42年2月15日的夜襲

民國42年2月15日，黑蝙蝠中隊的一架B-26低空進入上海空投成功，我官方的記者招待會只介紹鄭英、宋亨霖、胡天鵬三位機員，宣稱他們是該次行動的領隊機成員，然而這次上海空投的成功，卻是往後一連串艱鉅任務的開始[13]。

民國43年5月26日的夜襲

民國43年5月26日，黑蝙蝠中隊一架B-17低空進入福建，結果在惠安縣及仙遊縣之間失去下落，我空軍研判是被中共的高射

---

[12] 李崇善（1991年5月）。空軍黑蝙蝠中隊英烈史。傳記文學，85卷第5期。87-99頁。

[13] 劉文孝。民國81年12月4日。搏命飛行。聯合報，第46版。

甦上尉、劉抑強上尉，通信員靳習經士官長，機械員宋乃洲士官長，空投員黃士文士官長、考振芬上兵及馬維棟上兵等十四人，自福建福鼎縣進入大陸，中共雷達早已偵知我機位置，但我機仍機警的依計畫航線前進，9時50分，飛入江西地區，接近南昌時，我機收穫中共米格機攔截通信，迄11時10分左右，再次截獲中共空、地聯絡通話，且與我B-17相對位置十分接近，不久，我機在江西修水上空中彈受傷。一陣忙亂之後，機長評估各操縱系統均屬正常，乃決定縮短航程脫離戰場，飛入山區以求自然隱密，再轉湖北漢口以最低安全高度經安徽轉入江蘇，飛入蘇北平原，再降低飛行高度，衝出大陸，以低空海上飛行返回台灣，在上午9時平安降落新竹基地，飛行時間長達十四小時。由於這架B-17電子偵察機負傷安然歸來，不但使十四個家庭免於破碎，也打破了黑蝙蝠中隊每年必損失一架飛機的迷思[18]。

民國48年5月29日的夜襲

民國48年5月29日，黑蝙蝠中隊的兩架B-17夜間先後自新竹基地起飛航向南中國海，自廣東省進入大陸，一架向東、一架向西，各自展開偵測任務。向西的一架任務區是在雲貴高原一帶，雖然路途較長，但沿途地形複雜，B-17沿著地面緩慢行走，令攔截機難以追獲它的行蹤；向東的一架僅是在地勢平坦的粵東一帶行走，中共米格17先在半空攔截在東邊的這架飛機，這架B-17被窮追猛打了好一陣子，最後因為負責偵測的區域較小，靠著高超

[18] 同註12。

的低空飛行技術於完成任務後朝台灣返航而去。因已經少了一架B-17，中共乃集中注意力在這架在西邊飛行的B-17，這架飛機是由李瞀、徐銀桂及韓彥三位飛行官駕駛，連同其他11位組員共14人就在深夜11時10分被發現，地面雷達先導引米格17接近這架飛機，然後米格17飛行員啟動機上的搜索雷達瞄準這架飛機，這架B-17就在11時28分被擊中，墜落在恩平及陽江兩線的交界處，中共派出民兵入山搜索，由當地老農將所有機員埋葬在一座舊灰窯內[19]。

後來機上飛行官李瞀的遺孀及弟弟李華偉移民美國定居，李華偉攻讀博士並在美國學術界著有聲譽，因此受中共著名大學聘為訪問學者，從而在大陸探詢其兄及該架電子偵察機的下落，方得知老農將所有機員埋葬在一座舊灰窯內的事。33年後，已移居美國的李瞀遺孀孟笑波女士及電子反制官傅定昌的家屬先後前往弔祭，並由當地政協聯誼會協助，將罹難者遺骸遷葬至交通方便之處，以利家屬祭掃。再經中共有關單位同意及廣東省恩平縣地方政府協助下，終於在民國81年12月14日，將火化後的烈士遺骨，由廣州經香港運回台灣，我軍方在中正機場以隆重軍禮迎接，並於民國82年3月29日，空軍一年一度盛大公祭時合穴安葬於碧潭空軍烈士公墓[20]。

以P2V型飛機取代B-17型飛機

自這架B-17被擊落之後，美方及我空軍已體會到B-17型飛機

19 劉文孝。民國81年11月23日。死亡任務。聯合報，第24版。

20 1.盧德允。民國81年12月12日。14殉職空軍遺骨下午抵台。聯合報，第8版。
2.盧德允。民國81年12月14日。14烈士骨灰後天返鄉。聯合晚報，第7版。

三位飛行官，還有領航官柳肇純、陳光宇、孫大陸，電子反制官李澤林、劉抑強、夏福瀛，通信官楊桂宸，士官長姚邦嘉、李自民，空投兵邢漢章、黃勳等十三人，這是黑蝙蝠中隊首次發生在異國的慘案[24]。

民國50年11月6日的夜襲

民國50年9月，中共總參謀部下令所有高砲部隊改採「堵口設伏」及「機動設伏」相結合的攔截方式，在各重要入口組成寬6至12公里的火網，並仿效打擊U-2高空偵察機的「近快戰法」，加速發現及瞄準的時間，對我黑蝙蝠中隊偵測任務造成極大的傷害。就在該年11月6日，一架黑蝙蝠中隊P2V型飛機，在副隊長葉霖中校率領下，與機組員飛行官尹金鼎少校、蔡文韜少校，領航官南萍少校、岳昌孝上尉，情報官陳昌惠少校，通信官李惠少校，電子反制官張桂圃少校、朱振三上尉、陳昌文上尉，空投士梁偉鵬士官長、程度士官長及周迺鵬上士等十三人，再度從南韓群山基地向中國東北出發，當P2V還在距遼東半島兩百公里外的黃海上空時，就已被中共雷達發現，等飛機抵城子疃陣地四十公里處時，中共指示目標雷達更已將目標鎖定，等到進入射程，十幾個高砲連立即集中火力向目標發射，P2V只閃躲了30秒就慘遭密集的、無所遁逃的高射砲火網擊落。根據中共官方報導，中共總參謀長羅瑞卿特別趕往現場查看，當場指示將十三具遺骸就近立碑埋葬，以便日後讓他們的親屬認領[25]。

24 劉文孝。民國81年12月8日。克敵機先。聯合報，第23版。

25 劉文孝。民國81年12月9日。獵殺行動。聯合報，第24版。

民國51年1月8日的夜襲

民國51年1月8日，一架黑蝙蝠中隊P2V型飛機，隊長郭統德率領機組員飛行官崔傑石、梁如年，領航官李滌塵、劉敬賢、鍾熾藩，通信官楊文成，電子反制官喻經國、虞祖培、張漢生，士官長薛洪吉、空投兵考振芬及高銓等十三人，又於朝鮮灣宣告失蹤，由於中共資料對這架P2V始終沒有任何紀錄，所以只能以失事墜海推論[26]。

民國52年6月19日的夜襲

民國52年6月19日，已升任作戰長的周以栗中校又率領飛行官陳元諱、黃繼鑫，領航官李文俊、王守信、傅永練、汪洽，通信官卞大存，電子反制官馮成義、黃克成、薛登舉，機工長彭家駒、空投士成克勤及楊思隆共計十四人，又以一架黑蝙蝠中隊P2V型飛機深入大陸，當夜中共先後派出八架次的米格17及Tu-4攔截，緊追了數小時但都無功而退，等飛機進入江西，輪到中共駐南昌第二十四師出動，副大隊長王文禮的米格17逮到了向P2V發砲的機會，P2V乃墜毀於臨川縣大坑窩。民國90年該機組遺眷前往江西，將烈士遺骸火化運回台灣，安葬於碧潭空軍公墓[27]。

民國53年6月10日的夜襲

民國53年6月10日，孫以晨隊長又率領飛行官葛光遼、蕭建

[26] 同前註。

[27] 同前註。

民國54年及56年8月在南中國海的兩次犧牲

黑蝙蝠隊員初次犧牲的兩個月之後，民國54年8月31日，又一架C-123型運輸機在南中國海失事墜海，機組員包括飛行官何亦棟、王川高，領航官嚴中、石秉慈，通信官毛國柱，電子反制官狄鎮昌，機工長杜慶讓，空運士張銘生及呂志剛等9人亦全數殉職。黑蝙蝠隊員最後一次的犧牲是民國56年8月22日，一架C-123型運輸機又在南中國海失事墜海，殉職的機組員包括飛行官邵傑，領航官孫祥麟、張清如，電子反制官杜志龍，士官長李元中、周榮林等共計6人[31]。

後來美國結束在越南所有特種作戰任務，「南星計畫」也因此畫下句點。

奇龍計畫

計畫緣起

民國53年10月16日，中共新華社向全世界宣布中華人民共和國已在中國西部地區成功的試爆了一顆原子彈，民國56年6月17日及民國57年12月27日，中共又再度宣布中華人民共和國又已分別成功引爆第一及第二顆氫彈，而且第二顆氫彈是以轟炸機投擲，在空中引爆的。民國58年9月23日，中共又聲明新的氫彈試

[31] 同前註。

爆成功，如此接二連三似真似假的核子試爆消息，又促使美國認為對中共核武器的研發有蒐集情報的必要，就是「奇龍計畫」的由來[32]。

選派官兵赴美國受訓

為了執行「奇龍計畫」，我國空軍選派27位優秀官兵赴美國受訓，這27位官兵均隸屬空軍總部技術研究組，他們在黑蝙蝠中隊孫培震副隊長的率領下赴美國接受33週訓練，受訓期間自民國57年9月27日至民國58年4月30日，接受訓練的飛機為C-130E，該飛機是美國空軍借給美國中央情報局使用，機上加裝的電子裝備則由美國中央情報局提供。

執行任務

赴美受訓的27名官兵在完訓之前便分成「紅組」與「黃組」，其中「紅組」12人為正選，另12人為黃組，一旦紅組成員中出現任何生理或心理不適合出任務狀況則由「黃組」人員以專長替換。空軍總部技術研究組副組長孫培震上校是27人中官階最高者，因此由孫上校選定包括自己在內的12名組員入紅組打頭陣，他們是飛行官孫培震、黃文騄、楊黎書，領航官何祚明、廖湟楹、馮海濤，電子通信及反制官陳崎山、史冬慶、劉恩固，飛機修護官易佑能，及空投士官長劉貴生、桂興德。

[32] 1.習賢德（1998年12月）。奇龍夜襲戈壁灘。全球防衛雜誌，172期。80-87頁。2.自泰入蒙，我機曾探雙城子。民國81年12月16日，聯合晚報。第4版。

恰容一架直升機起降。接著美方又運來S-58T及H-500P兩種直升機。S-58T在「金鞭計畫」中擔任支援，主要用作人員與物資運補、空投與空降；H-500P則是執行金鞭任務主力機，性能輕巧機動，訓練時，美方在機頭加裝閉路攝影機用來探路，再將駕駛艙密蓋，無法目視外界，受訓飛行員只能依8吋小螢幕監視器飛行，訓練嚴格而逼真。

為了金鞭任務的執行，美方將H-500改裝為H-500P，加添最新設備，由黑蝙蝠隊員首次實驗操作，為配合夜間任務，飛行員配戴SU-50夜視鏡，使用紅外線前視系統及監視器飛行，另有長程導航儀、慣性導航儀、都卜勒導航儀、飛彈警告系統等。除了飛行訓練，美國中央情報局還派特戰專家教黑蝙蝠隊員叢林求生技能，以因應任務需要。

民國60年6月，盧維恆中校率謝錫塘等6名第二批選派人員赴美受訓，接受DHC-6訓練，再到內華達州中部沙漠空軍51祕密測試場（Area 51 Testing Range）接受H-500飛行訓練，結訓後同年11月，原班人馬再回第51祕密測試場接受改裝後的H-500P模擬實際任務[35]。

停止金鞭計畫

到了民國61年6月，美方運送盧維恆等一行人經泰國轉赴寮國中央情報局PS-44祕密基地，該處距北越首府河內僅一小時飛行距離，接受最後階段訓練。但9月間，黑蝙蝠隊員謝錫塘、楊

[35] 傅鏡平（2009）。空軍特種作戰秘史——第卅四中隊及其他單位的壯烈故事，二版。台北：高手出版社。

德輝在夜間飛H-500P降落時失事，飛機全毀，所幸兩位飛行官沒事，但全新裝備一時無法補充，盧維恆等一行人隨即返台繼續訓練飛行，等待再度返回越南執行任務，但黑蝙蝠隊員卻未再回去。62年1月，另一架S-58T又因飛機故障而墜海，金鞭任務在美方未說明原因下喊停，民國62年2月，金鞭任務解散[36]。

「金鞭計畫」停止的原因可能有二，一是竊聽北越情報的任務已完成；二是政治情勢的變化，民國60年夏，美國國務卿季辛吉祕密訪北京，民國61年2月，美國總統尼克森也首訪北京，造成美、台、北越關係的微妙變化，都是促使該計畫中止的原因[37]。

[36] 同註34。

[37] 同註34、35。

貳　我們的故事

第四章

成長與來台

黃文騄：成長與來台（1932－1949）

出生

我是黃文騄，原籍浙江浦江，但是出生在河南開封，出生日期是民國21年7月27日，農曆6月24日。

為何父母都是浙江浦江人，我卻會出生於河南開封？這要從我的父親黃祖壎將軍說起。父親號伯笙，出生於清光緒28年（西元1902年），家中有田地、房產，還有一塊山坡地種荔枝、龍眼等作物，家道小康。父親唸完私塾已經是民國時代了，武昌起義、軍閥割據多多少少也影響了在埔江房地村務農的這位年輕人，想要在這個大時代有所作為。民國12年，父親已21歲，經媒妁之言與同村、出生於清光緒30年（西元1904年）的陳琛女士結婚，民國14年生了我大哥黃文驥後，徵得我祖父及母親的同意，在24歲（西元1926年）時和同村青年到廣州就讀黃埔軍校，成為軍校步科第二期學生。

為了說明父親的軍旅生涯，在此必須簡略的介紹一下國民革命軍北伐。中華民國建立，先有袁世凱稱帝、後有北方軍閥割據，國家始終處於分裂狀態。國民政府乃在國父孫中山先生的籌劃下，命蔣中正先生成立黃埔軍校，欲以武力統一中國。陸軍軍官學校，別稱黃埔軍校，於民國13年6月16日創校於廣東廣州黃埔長洲島，第一任校長為蔣中正。民國15年7月9日，中國國民黨國民政府成立國民革命軍，由蔣中正擔任總司令，起兵廣東，連克長沙、武漢、南京、上海等地；進軍至華中後，國民政府內部因對蘇聯與中國共產黨態度不同而分裂，史稱寧漢分裂，北伐陷於停頓。寧漢復合後，國民革命軍繼續北上，西北馮玉祥、山西閻錫山加入北伐陣營後，民國17年6月，攻克北京。奉系軍閥、安國軍總司令、中華民國軍政府海陸軍大元帥張作霖從北京撤往中國東北，隨後因張作霖於皇姑屯被炸死，其子張學良宣布東北改旗易幟，至此國民政府完成北伐。

父親考入黃埔軍校二期本來就志在報國，他軍校尚未畢業，就和第一期同學一起在校長蔣中正先生領導下參加北伐，北伐成功後，父親已自黃埔軍校二期步科畢業，由排長晉升到中尉副連長，正式開始了父親的軍旅生涯，跟隨部隊到處駐防。愛家的父親總是盡可能的將母親連同我們一起安置在駐地，所以我和民國19年出生的二哥黃文驥都是在河南開封父親駐地出生的。我出生三年後，母親又在民國24年生了大妹黃文芬，兩年後再生二妹黃文芳，那時已是民國26年，不久抗日戰爭爆發，因父親須率領部隊轉戰各地，就將年幼的文芬、文芳兩個妹妹交給家鄉的小婆婆

學初中部。每天早上和二哥一同走路上學，冬天到校時會有人陪同，因為每個學生都提著一個裝了木炭的小火爐，在校寫字時先把手在火爐上烤暖了，才不致因手凍僵了無法寫字，而我們因年紀幼小，怕火爐帶到學校途中不慎失手打翻就危險了。我只記得自己成績不錯，因為母親管教甚嚴，考試成績不好會挨板子，不敢不認真學習，但上課學些甚麼就記不得了。

和同學相處也很愉快，下課最常玩的遊戲是跳繩、滾鐵環及騎馬打仗等。滾鐵環是用一個直徑約30至50公分左右的鐵環和一個勾在鐵環上的約50公分操縱長桿，只要控制長桿得宜，鐵環可以直行或轉彎，相當有趣；騎馬打仗是兩個同學各用一手與對方互握做成椅子，另一隻手與對方緊握形成椅背，第三個同學跨坐手掌互握做成的椅子上，後背則靠在兩手緊握形成的椅背上，空出自己兩手與另一組同學對打，設法將對方拉至馬下即算勝利。

冬天下課最慣常的遊戲是大家都擠在教室外牆邊，一邊還唱著：「擠呀擠呀擠熱活！擠了熱活吃饃饃！」饃饃是陝西話，就是饅頭的意思，因冬天酷寒，下了課一定要活動一下，不然上課時會凍得發抖，烤火也沒有用；當然雪球戰、堆雪人也是冬天常玩的遊戲，只是女孩比較喜歡玩堆雪人，男孩比較喜歡玩雪球戰，但操場積雪太深時不能玩，因為我們冬天穿的都是手工縫製的棉鞋，鞋面用絨布中間夾著棉花，鞋底是用一層層布抹上漿糊，曬乾後剪成鞋底狀，用粗麻線將這些層層厚布縫在一起，再縫上鞋面，就成了棉鞋。積雪太深，一腳踩下，雪進入鞋內立即融化成水，穿著又濕又冰的棉鞋會很難受，何況走廊上丟的都是雪，地上又濕又滑，老師也不容許。

小學二、三年級跟隨父母暫時離開東南小學，和哥哥、芊妹到四川瀘州住了兩年，學了一口標準四川話，來台後就讀空軍官校正好派上用場。在瀘州求學時因年紀還小，只記得有一次被同學欺侮了，哭著回家告狀，反被母親罵了一頓，感覺十分委屈，其他的事就沒甚麼深刻印象了。

現在回想，小學時期記憶中最可怕的是在西安躲避日本軍機空襲的情形。不論是在學校或家裡，一聽到淒厲的警報聲，就要丟下一切，盡速躲入附近防空洞，因為警報聲響起時，敵機已經很近了，躲避不及還在街上奔逃的人群會被日本軍機機關槍掃射；就算躲進防空洞，洞裡又悶又黑，擠得滿滿的人，嚇得不但不敢出聲，而且一動也不敢動，太小的孩子為了哭聲太大，被父母摀住嘴吧，甚至悶死的也偶有所聞，因日本軍機會低空飛行，他們根本不是為了要摧毀目標物而轟炸，完全是在恐嚇中國人，做些盲目破壞及殺戮。有時在防空洞中還會聽到炸彈投下的咻咻聲，甚至機關槍從飛機上發出的噠噠掃射聲，真是恐怖。警報解除，出到防空洞外，有時會看到冒著火的斷垣殘壁，還有躺在地上的血肉模糊屍體或斷手斷腿的民眾不斷呻吟，真是觸目驚心、慘不忍睹，迄今難以忘懷。日機的轟炸有時數日一次，有時一日數起，而且不分晝夜。抗日戰爭初期，日本軍機的轟炸最為嚴重，到了後來，因飛虎隊的支援及太平洋戰爭爆發，日軍轟炸的頻率逐漸減少，抗戰末期，因日軍已自顧不暇，完全停止了空襲。

因為父親長期不在家，母親兼代父職，管教孩子十分嚴格，對年幼的芊妹還好，因抗戰勝利她也才不過4歲，但對我們三個兄弟就不一樣了，她奉行「玉不琢不成器」的古訓，要求我們寫字端正、作息定時、言談莊重、舉止得宜，男孩愛玩的爬樹、騎竹馬打仗在家一概不許，一點小事犯錯就挨打罰跪。我一直覺得自己木訥不擅言談，也可能是幼時受到母親嚴格管教的影響。記得有一次，一個夏天的午後，因為天熱，我們三個兄弟被安置在走廊一張竹床上午睡，精力旺盛的我們根本睡不著，假睡了一會兒，以為母親睡著了，就開始在床上嘻鬧起來，母親聽到了，從室內出來叱責一聲：「你們還不睡！」我們嚇得臉色發白，一動都不敢動，好在那次犯錯沒挨打。反而是父親偶爾回家，對我們三個兄弟慈祥親切，會講故事給我們聽，也幾乎是有求必應，父母的角色正好互換。

初中

民國33年6月，我在東南小學畢業，也和兩個哥哥一樣，繼續就讀東南中學初中及高中部，並於民國36年6月自該校初中部畢業，這是我青少年時代唯一沒有轉學，一口氣讀到畢業的求學階段。就讀初中期間印象最深刻的當然是民國34年8月15日日本無條件投降，記得那是要升初二的暑假，日本投降消息透過廣播很快的傳遍中國大後方每一個角落，居民競相走報，報紙的號外透過報童高亢的報喜聲，吸引了每個在街上行人搶著一讀這個好消息，因為當時日軍仍盤據華北、東南沿海，毫無敗退之象，突然聽到日本無條件投降這個驚天動地的意外消息，怎不欣喜若狂！我雖然還少不更事，但是也懂得以後不會再有日本軍機轟炸、不會見到轟炸後的慘象、不會聽到同學哭訴他們的近親不幸因戰爭而亡故，更重要的是我可以每天在家見到父親了。有人在街上放鞭炮，有團體在街上舞龍舞獅，大家都自發自動熱烈慶祝八年抗日戰爭終於勝利結束。

抗戰勝利後，雖然國軍部隊因有人解甲歸田而解散及縮編，但不久中共在蘇聯的支援下宣布脫離中央政府的指揮，國軍大部分軍隊乃奉命保留。因父親隸屬的西北部隊駐紮在四川、陝西、甘肅、寧夏、青海等中國西北地區，重要行政單位也在西安，所以我們仍住在西安。勝利後父母立即將住在浦江家鄉的芬妹、芳妹都接到西安，她們坐了好幾天火車僕僕風塵來到西安，分離八年，一旦見面，我完全不認識她們，那時芬妹10歲、芳妹8歲，花了一段時間才和她們熟悉起來，這真是時代的悲劇！但不管怎麼說，我們全家終於團聚了，比起妻離子散的家庭，我們真是太幸福了。她們也被送到東南小學，分別就讀二、四年級，每天由已經就讀初中的我陪著上學，因中學就在小學隔壁，我突然多了兩個年齡相差不太多的妹妹在我旁邊三哥長、三哥短的叫著，倒也十分得意。

高中

民國36年我初中部畢業後，都是浙江人的父母，終於還是逆著時局將家遷往杭州獅虎橋路，家鄉浦江離杭州不遠，回去探親也很方便，所以我又到杭州念新群高中。我感謝父母的決定，讓我有機會在這風景秀麗，人文薈萃的歷史文化名城居住，對這人間天堂、吳越及南宋時期建都的古城，留下美好的印象。西湖及文瀾閣等眾多名勝古蹟，都留下我的足跡，我常和同學騎著腳踏車在西湖邊上瀏覽，也常和同學划著小船在西湖中徜徉，見到跪在岳王墓前的秦檜夫婦銅像，自然也和別的遊客一樣踢他們兩腳，那兩個像若不是銅製的，恐怕也輪不到民國時代的我來踢，早就踢沒了。新群高中就在西湖邊，我和老師、同學相處融洽，有時老師就帶同學們在西湖河堤上柳樹邊上課，讓我度過了一段美好、可堪回憶的高中學生生活。可惜高中念了不到一年，高一下學期還沒念完，母親又帶著二哥文驥、大妹文芬、二妹文芳、三妹文芊及我五個孩子離開杭州，到甘肅酒泉與父親會合，大哥文驥因在浙江大學修習水利工程，未曾同往。

為何我不能在我喜歡的杭州常住，不能在我愛好的西湖邊念書，自然與中共實力藉著抗日戰爭趁勢坐大有關。抗戰期間，國民黨的軍隊需正面抗日，中共卻靠著淪陷區游擊戰進行土地改革獲得民心也壯大自己；中共是自己同胞，國民政府再也不能以民族主義為號召激起同胞同仇敵愾。抗日戰爭結束，國共戰爭立即在東北開打，戰爭初期，國民黨軍隊看似佔領了重要城市，贏得表面的勝利，但卻早在廣大農村失去民心[39]。民國37年9月至38年1月間，中

39 郝柏村花了四年時間，深入研讀蔣介石在1945至1949年的日記，提出了國民政府失去大陸江山個人的解讀與看法：抗戰期間，國軍處於正面作戰，部隊主力被日軍壓迫，大多退守西南，以保衛重慶中央政府。而共軍的主力則分散於華北，以游擊戰為主，在日軍佔領區的鄉村地帶建立起一個個小型的基地，不斷擴大地盤，且不時以游擊戰騷擾日軍，也讓日軍疲於奔命，又無從與共軍決戰。中央政府遷往四川之後，為因應戰爭的龐大開銷，不斷提高糧稅及勞役，造成人民負擔，加上通貨膨脹的打擊，百姓生活艱苦，甚至無法果腹，只是在高漲的民族主義情緒支撐下，百姓忍飢耐勞，共赴國難，既繳糧草，又出勞力，修機場，蓋公路，以求國家民族的生存。相反的，中國共產黨在抗戰期間是抗日戰爭及社會改革並行。中共在鄉村建立政治組織，動員農民參加抗戰，同時進行土地改革，打擊地主，將土地分給窮貧的佃農，因而獲得農民的認同與支持，使中共在敵後地區建立了根據地。抗戰勝利後，國民黨雖然勝利了，卻也無法再以民族主義為號召來動員群眾。當時的中國東北的滿州國，隨著日

國人民解放軍與中華民國國軍之間國共戰爭的三次關鍵戰役－遼西會戰、徐蚌會戰與平津會戰，中國共產黨皆大獲全勝，中共軍隊在三大會戰勝利後，以摧枯拉朽之勢迅速占領長江流域以北。

我在酒泉的國立河西中學高一下學期只念了兩個多月，就因解放軍已逼近西北，國民政府原想以四川為據點再圖光復失土，所以母親又帶著我們五個兄弟姊妹到重慶。

那時我的父親被編入西北軍政長官公署[40]第91軍中將軍長，下轄191、246、231師，並代理河西警備司令的職務，部隊在河西走廊，從蘭州到敦煌都是我父親部隊的防區。後來，比對象（為何改相關為象關）關資料才曉得，當時是王震的中共部隊從西安往蘭州打，在新疆叛變後的陶峙岳帶著國軍部隊從新疆往河西走廊打，父親的部隊被前後夾擊，無處可去，聽說他帶了兩百

本戰敗而垮台，日本關東軍留下的大量軍事裝備及工業物資，更成為國共必爭之地。國民黨在東北擊退了共軍，佔領長春、瀋陽等東北重要的大城市，中共部隊則撤往鄉村地區。而隨著中共政工人員進入東北鄉村，推動土地改革，獲得了農民的支持，廣大的鄉村就迅速成了共軍的地盤及兵源。東北戰場，國民黨佔領了重要城市，贏得了面子；而共產黨則獲得人民支持，贏得了裡子。國民黨贏得表面的勝利，不久之後，時間就證明，這只是短暫的勝利而已。（2016.11.21取材自http://www.tonyhuang39.com/tony0849/tony0849.html[歷史回想]．國民黨為何失掉大陸江山？－由郝柏村新書發表會談起）

40 西北軍政長官公署是中華民國於1948年設立的軍政長官公署，駐蘭州，統管中國西北地區的軍政事務。國民政府於1935年11月設立「西北剿匪總司令部」，中國抗日戰爭前駐西安，代總司令張學良，後因西安事變與抗戰而撤銷。抗戰期間原為第八戰區，1946年3月後改為國民政府軍事委員會委員長西北行營，以張治中為主任。1946年10月改為國民政府主席西北行轅。1948年後改為西北軍政長官公署，駐蘭州，主要戰鬥區為河西、青海及新疆，長官為張治中。1949年7月更換長官為馬步芳，指導之最重要戰役為蘭州戰役，以失敗收場，後以酒泉起義而終結。（2016.11.21取材自https://zh.wikipedia.org/wiki/西北軍政長官公署）

杭州浙江大學去接大哥，但大哥好像是去了圖書館，親信沒找到大哥，由於時間緊迫，親信只得放棄。就這樣，大哥一個人留在浙江，水利工程系畢業後被分派到寧夏銀川，從事當地水利工程興建，他在那裡結婚生子，直到民國75年，大哥和已在美國定居的二哥聯絡上，用依親的名義移民美國，後來又將家小接到美國，母親及我才有機會在美國和他再相見。

來台

母親按照父親指示，和奶爸立即收拾行李，只帶貴重衣物，還替我們五個兄妹在衣服隱密處縫了一、兩塊銀元，那是當時通用貨幣，在通貨膨脹的當時，購物時還會被店家接受，以備萬一在路上失散時可以應急，也安排二哥和我要看好芬妹與芳妹，他自己帶著芊妹，奶爸則打點行程並照顧我們所有人。就這樣，纏過又放過小腳的母親和奶爸，帶我們五兄妹坐上火車，到了成都，十一月大寒天，在成都機場露宿了好幾晚不敢離開，因為誰也不知軍機何時抵達，唯恐飛機到達卻錯過了。不只是我們一家如此，機場擠滿了要撤退到海南島的家庭，和我們一樣，焦急不安地等待著。飛到海南島三亞的軍機終於來了，登機前我們就被告知不得攜帶行李上機，於是母親就將箱子裡可穿的衣服都穿在我們身上，每個人都像棉花包一樣，手臂都合不攏，機艙原本只有兩側才有帆布椅子可坐人，但登機的人實在太多，連中間機腹都坐滿了乘客，大家都害怕倘若錯過這班軍機，就不知能不能逃離了。飛行員一看就直搖頭，說機上乘客超載穿得又多，飛機會超重，根本飛不起來，大家會同歸於盡。不得已，乘客又脫了些衣服丟在機場，軍機才勉強起飛，在大家無法繫安全帶情形下，居然平安飛到海南島三亞機場，現在回想那架軍機機型是C-46，後來我自己也飛過。

從三亞我們再到榆林港，在簡陋的旅館住了幾晚，奔走接洽的奶爸終於帶來了結果，好消息是我們被允許可以搭上運送劉安祺將軍部隊的軍艦，壞消息是船艙已滿，我們必須露天待在甲板上直到下船。我們哪有選擇餘地，於是母親和奶爸帶著我們五兄妹上船，在甲板上選了一塊乾淨地方躺了下來，因為只坐不躺，陸續上來的人會把我們原本躺的地方也占據，未來幾天連睡覺的地方也沒有。船開了，十一月的風浪，使船身劇烈搖擺，甲板到處都躺的是人，想上廁所也走不過去，風浪造成的嘔吐物加上乘客隨地便溺，我們就這樣冒著寒風，伴隨甲板上的臭、髒、亂，經過三晝夜的折磨，終於狼狽不堪的抵達高雄港。那是民國38年11月底，我17歲。

李芝靜：成長與來台（1940－1949）

出生

我是李芝靜，民國29年6月16日（農曆5月11日）出生於西安市。父親李正先，號建白，浙江東陽人，出生於清光緒30年（西元1904年）；母親劉劍影，河南西平人，出生於民國8年（西元1919年）。我排行老大，有五個妹妹、一個弟弟，弟弟最小，我母親劉劍影，原名劉清芬，民國8年出生後就在原籍河南西平長大，那時大家都已接受西式教育，早已沒有女性纏足了。母親就讀初中時體育成績很好，擅長排球，畢業後報考護理學校，民國26年高護畢業後剛好抗日戰爭爆發，熱血青年紛紛從軍或報考軍校，因緣際會，軍校唯一招收女生的機會就讓母親遇到了[43]，民國27年，母親到陝西鳳翔中央軍校第七分校報到入學，改名劉劍影，以符合抗日氛圍，所有189名女生都編入軍校15期第二總隊，總隊長就是我父親。我想，那時35歲的父親一定英俊挺拔、意氣風發，19歲的母親一定也是活潑健美、青春洋溢，兩人相互吸引，花前月下、卿卿我我，在鳳翔七分校（但那時所有女生都已改隸戰幹第四團）擦出愛的火花，民國28年，母親軍校畢業，兩人就在陝西西安結婚，父親也將家安置在西安，次年，我在西安出生，父親也調回第一軍第一師並升任師長。

民國30年，大妹李芝安也來我們家報到，父母將她命名李之

學生隊隨軍受訓。軍校西北軍官訓練班，原駐天水，其第六期招有三湘青年八百餘駐長沙。1938年1月軍校七分校奉命籌辦，乃集中以上各處學生來陝西，選編為十五期二總隊。同年3月29日軍校七分校正式成立於陝西鳳翔。在鳳翔初創時，主任胡宗南，辦公廳主任吳允周。第十五期學生編為四個總隊，即第二、三、四、五總隊。少將總隊長有羅歷戎、李正先、劉安祺、黃祖壎、王治岐、陳孝謹、李周章、楊德亮等。（2016.11.20取材自http://www.hoplite.cn/templates/hpfx0003.htm第七分校簡史）

43 學生依據教育程度分編為甲、乙兩級；甲級生受訓一年，乙級生和甲級生中選編為特科者受訓一年半。第二總隊學生為十七集團軍招收之安徽、江蘇、河南等地知識青年，從天水調入蘇皖浙淪陷區。來長沙知識青年和三湘青年八百餘人，從長沙直接調來鳳翔，組編成第二、三總隊。其中女生隊原屬十五期第二總隊，女生189人，在軍校七分校受訓十個月後奉命轉學籍，改隸戰幹第四團，繼續完成學業。（2016.11.20取材自http://www.hoplite.cn/templates/hpfx0003.htm第七分校簡史）

安，我原本也被命名李之靜。原來父親的規劃是依據《大學》中「大學之道，在明明德，在止於至善，知止而後能定，定而後能靜，靜而後能安，安而後能慮，慮而後能得」的順序為子女命名。因我是女孩，父母就想，女孩還是從「靜」開始比較好；但女孩連續報到，到了民國32年，第二個妹妹出生，自然命名「之慮」；民國33年，第三個妹妹出生，父母又想還是將「得」改為「德」吧！到了民國34年，第四個妹妹出生，《大學》中的「大學之道」順序已用完了，父母就回過來用了「定」字，將她命名「之定」，我常笑她喜歡做決定，頗有大姊之風，原來是因為用了老大名字的緣故。我們家女孩的名字都是來台後被戶籍人員大筆一揮，將「之」改為「芝」，以符合女性用花花草草命名的習慣。以前改名困難，我們只好將錯就錯，就將這樣的名字沿用迄今，現在改名方便了，但因學、經歷證件的緣故，也就不改了。

我們家五個孩子都是在抗戰期間出生的，但從沒有過顛沛流離的生活，父親在外征戰，母親一直住在西安打點家中一切，使父親沒有後顧之憂。家裡請了奶媽，除了我是母親授乳，大妹已不需要奶媽照顧，其他每個妹妹都有一個奶媽，記得芝德，我第三個妹妹的奶媽離開我們家後，芝德日夜啼哭，大人們不知怎麼會想到做了一隻假腿放在地窖內，告訴芝德說她奶媽被炸彈炸死了，芝德才不再啼哭，那隻假腿連我看了也怕，一直記憶到現在。那時雖然我家可以請得起奶媽，但抗戰時物資不豐，物價應該很貴，記得父親偶爾回家，吃飯時家裡會加一盤番茄炒蛋，母親沒說我們不可吃，但往往用眼神制止，細心的父親看出來了，會夾給我們吃，菜餚的美味加上父親的愛，令我至今難忘。

抗戰到了民國31年，父親已升任第一軍副軍長。民國32年6月父親升任第34集團軍第16軍軍長後，參加了豫中會戰，經過三十七天的會戰，雖然最後洛陽仍然失手，然而此一會戰後期，父親的16軍在靈寶會戰倒是成功的打了一場勝仗。此後雖每次戰役有勝有敗，但太平洋戰爭已經爆發，能成功遏阻日軍的長驅直入，保衛陪都重慶及大後方，並將日軍陷在中國戰場，使盟軍在東南亞能阻擋日軍的侵略，就已達成當時戰鬥目標了。

民國34年8月15日，日本無條件投降，當然舉國歡騰，父親也奉命帶著第16軍到北平接收。北平原名北京，古代稱為燕京，民國以後改為北平，後來中共又把它改回北京。因妹妹們還小，就留在西安，父親帶著母親及我和大妹芝安一起來到北平，以勝利之姿進入北平。那時父親是接收大員之一，自然風光了一陣子。記得大妹和我都進了蔣夫人宋美齡女士辦的幼稚園，上學、放學有專車接送；住在王府的宅第，生活有佣人照顧。家中院子很大，也有亭台樓閣，我和大妹最喜歡的遊戲就是爬樹，有一次我們攀爬院中假山，因石頭鬆動而墜落，還被一塊大石頭砸中，好在都無大礙。民國35年，我最小的妹妹在北平出生，《大學》中的「大學之道」都已用完了，就被父母命名為李之燕，用「燕」字紀念她的出生地。

小學

民國35年父親的軍方接收告一段落，二妹和我又回到西安，我進入西安第一實驗小學一年級就讀，每天穿著中山裝的黑衣、黑長褲，裡面的白襯衫衣領翻在黑上衣外，稱為「白翻領黑制服」，到了三年級以後才不再翻出。我和老師、同學都相處的很好，成績似乎也不錯。老師要結婚了，還找我當她婚禮的花童，母親陪著我坐在迎娶新娘的馬車裡，馬車顛簸的很厲害，我吐了，自然下了車就沒事了，記憶中我有機會坐汽車卻沒機會坐馬車，難怪我會記得這麼清楚。

次年，二妹芝安也入學一年級，最有趣的記憶是冬天一起步行上學，每個人手上還提著一個小火爐隨時取暖；因天氣嚴寒，穿脫厚棉褲對小小年紀的芝安實在困難，有時難免會尿褲子，哭著找我，我就盡到姊姊責任，牽著芝安的手回家換褲子，現在問她，她就說不記得了，而且否認到底。

民國37年，唯一的弟弟出生了，但父親並不在西安，因抗戰結束，中共勢力藉著抗日期間強大很多，已有能力到處點燃戰火，父親並未得到休息，又立即開始與共軍作戰。父親得到弟弟出生的消息，自然高興萬分，那時父親的軍銜是第34集團軍副總司令，駐地在徐州，附近有個雲龍湖，湖畔有個紀念王陽明先生的觀德亭，父親喜愛陽明先生的學說，就去信給在西安的母親，將弟弟命名為李觀德。

民國38年初，第二次國共內戰已打的如火如荼，國共雙方經三次關鍵戰役之後，中國共產黨從東北、華北迅速向中國南方推進，以破竹之勢控制中國大部分地區，胡宗南將軍令父親擔任第5集團軍副總司令，總司令是裴昌會；又命父親率領的第27軍與第98軍軍長劉勁持聯合防守部署陝西安康，規劃依秦嶺天險守住四川、甘肅等地區。但父親不久就發覺裴昌會早已和中共暗通款曲，甚至暗示父親若能與他行動一致，中共一定會重用父親，但為父親嚴詞拒絕。裴昌會也以同樣方法說服劉勁持，使父親雖然是集團軍副總司令，與共軍遭遇時，劉勁持完全抗命不出兵，父親聯絡胡宗南長官的電報也被攔下，反而說父親作戰不力，使他百口莫辯。父親斟酌當時情勢，當年9月下旬，任新疆警備司令的陶峙岳已率先投共，接受人民解放軍改編再回過頭來攻打甘肅的國軍，使西北地區整個淪陷。他知道裴昌會率部隊投降是遲早的事，當時部隊長已抗命不與共軍作戰，而父親以胡宗南嫡系將領身分也絕不可能投降，等到裴昌會降共，父親不是自殺就是被俘，最後父親只得萬般無奈的稱病辭職，離開了部隊。事實證明一切，民國38年12月23日裴昌會公開通電投共，部隊接受中共改編，才為父親洗清了冤屈。許多年後，父親和朋友或家人述說這段歷史時，依然悲憤填膺，激動不能自已。

父親辭職時，母親及我們尚在重慶，但無法互通音訊；打電報給留在西昌的胡宗南長官也聯絡不上，那時西昌已失手；想到重慶找母親，而通往重慶的路已被王振的中共軍隊切斷。父親只得轉而南下找在尚在雷州半島的劉安祺將軍，他是黃埔第三期，與父親熟稔。那時劉安祺部隊已自山東成功撤退，奉命將部分兵力撤退台灣，主力部隊第32軍調至湛江港、海口市及榆林港，掩護廣州撤退。廣州失手後，第32軍撤到海南島，再從榆林港撤退來台。

這些紊亂動盪的局勢，在父親的安排及母親的庇護下，我們幾個子女是感受不到的。抗戰勝利後，國民黨的國軍與共產黨的解放軍對峙情勢迅速惡化，我消敵長、民心相悖，因此父親就一直把家放在西安，觀察情勢變化再做處理。民國38年初，父親見國軍節節敗退，西安可能不保，就問自己的親信副官景慶和中尉，父親不在家時是否願意幫助照顧母親及七個從1歲到9歲的子女，景副官答應了。這位副官是河南人，母親的同鄉，為人忠厚老實，已跟隨父親多年，值得信賴。母親又問家中的奶媽，我們搬家後是否仍願留下來照顧我們幾個孩子，當年除了我及弟弟是母親親自哺乳，妹妹們都請了奶媽，妹妹們大了，有的奶媽仍舊留下來照顧她們並做些家事，所有奶媽都是陝西人，只有芝燕的奶媽侯王榮願意留在我們家，她是河北人，不知何故願意隨母親來到西安，她的先生姓侯，娘家姓王，所以名字是侯王氏，來台灣報戶口時，父親將她改為侯王榮。就這樣，大約在民國38年中，母親在景副官、侯媽的協助下帶著我們七個孩子來到重慶。父親本以為我們可以在重慶居住一陣子，再看國共戰爭的變化決定未來的去留，誰知情勢變化之快，完全出人預料，不數月，共軍已攻入四川。

來台

母親聯絡不到父親，但長期都是自己單獨照顧家庭、處理家中事務的母親，看到父親同事的家庭都往海南島撤退，再由海南島來台。靠著父親的人情及同事協助，母親也弄到了全家從成都搭乘軍機到海南島，以及從海南島榆林港搭乘運兵軍艦來台的許可證，就這樣，母親、景副官、侯媽及我們七個孩子就倉促到成都機場等軍機，在機場吃、睡了好幾天，終於全家一個不少的上了飛機，但行李一件也沒帶。在這樣兵荒馬亂的時刻，母親和父親斷了音訊，又不知未來的命運如何，但她堅持家當、財產可以丟掉，孩子一個也不能留下。感謝母親，若非母親的堅持，我們不是也會和太多的故事一樣，在台灣開放探親後，哭哭啼啼的到大陸和分離幾十年的手足相見。還好，我們不致上演這樣的人倫悲劇！

母親、景副官、侯媽及我們七個孩子平安從成都飛到三亞機場，再到榆林港等船，當時年幼的我也弄不清楚到底等了幾天，只記得初次嚐到椰子的美味，覺得新鮮、有趣又好吃。還好有景副官隨行，他找到劉安祺的部隊，憑著事先的安排，我們全體順利登上軍艦，劉將軍的部屬還給我們一間艙房，靠牆的兩邊安置了上下舖，在逃難時刻，簡直像住在天堂。我們住定了，船還沒開，我東張西望，看到與我們艙房一步之隔的對面艙房門也開著，有人站在艙房門口背對著我們，看背影真像父親，我情不自禁的喊了一聲：「爸爸！」那人回過頭來，沒錯，真的是父親！連母親都以為今生已生離死別的父親，竟然這樣在船上和我們相聚，這不是電影情節，是千真萬確的事實！父親已輾轉抵達海南島，原本到船上會晤登船來台的朋友，再下船找劉安祺將軍，看看在這個部隊撤退時能否盡棉薄之力，不想竟遇上牽腸掛肚的我們，如果父親朋友未上這艘船、如果父親朋友艙房不在我們對面、如果對面艙門是關的、如果我沒有恰在此時東張西望……，自然，父親未再下船，就這樣，我們一家意外團聚，歡歡喜喜的來到台灣，在高雄港登陸。這時是民國38年11月底，那年，我9歲。

黃文騄將軍（第三排左一）初中畢業時與東南中學同班同學合影，民國37年6月。

第五章

求學

黃文騄：空軍官校（1949－1953）

完成高中學業

民國38年底，由母親、奶爸帶著我們五個兄弟姊妹在高雄港登陸後，隨即搭乘火車來到基隆，在招待所住了半個月，母親、奶爸為我們安排了住處後又帶我們坐火車來到台北，定居在中山北路六條通，大約在現在的馬偕醫院後面，房子是日式建築，共有三間：母親和文芬、文芳、文芊住一間；二哥文驥及我住一間；另一間留給奶爸。芳妹及芊妹就讀老松國小；二哥就讀行政專科學校法政科，該校是法商學院及現今中興大學前身；我插班建國中學高二。那個房子我們住了不到一年，就因當時台灣局勢仍不穩定，人心惶惶，常有防空演習，目睹過空襲可怕的我們早已是驚弓之鳥，所以母親賣掉中山北路的房子，搬到新店碧潭山坡上一戶農舍，農舍老舊簡陋，仍是三間，住法相同，只是房間更小，放了床就甚麼也放不下了。屋前路旁有一點山坡地，母親種了菜，可以節省菜錢，那時家中的經濟只有支出、沒有收入，已日漸困頓。既然搬了家，芬妹就讀文山中學初中部，芳妹及芊妹轉學文山國小；我則因建中對學業要求嚴格，而我高中念得斷斷續續，在建中功課有點跟不上，所以民國39年就轉學到強恕中學念高三，民國40年從高中畢業。

我尚在高三就讀期間，家中發生一件大事，芳妹健康一向不好，抗戰時在家鄉營養不良，和父母團聚後又經顛沛流離才來到台灣，來台後又為眼疾所苦，民國40年竟得了肺炎，在當時還在廣州街的陸海空軍第一總醫院（三軍總醫院前身）住院，那時芳妹視力幾乎已完全喪失，免疫力差又沒有甚麼特效藥醫治，住院兩、三個月後不幸病逝，那年芳妹14歲。這件事也影響了我高中畢業後的升學，芳妹生病使家中經濟更加拮据，我自己成績也不優秀，畢業後不知要幹什麼才好，我想還是讀軍校算了，就和同學一起相約考軍校。當時空軍官校招生最早，也是空軍官校在台灣首次招生，那時像我這樣情形的考生一定不少，因共有三千多人報名，經過體檢、筆試、口試共錄取了三百餘人，就這樣我在高中畢業考考完後第三天，也就是民國40年7月1日，我們這一群入伍生晚上乘坐一列貨車，從台北火車站出發，次日清晨到屏東東港的空軍預備學校入伍，開始了我的軍中生活。

進空軍官校

入伍訓練

我們這三百多位學生，依照空軍官校入學期別順序被編入三十三期，於民國40年7月開始，在東港大鵬灣空軍預備學校接受六個月入伍訓練，當時的校長是航校一期的龔穎澄上校。那時空軍預校、空軍參謀學校都設立在大鵬灣，學校佔地遼闊、景色宜人，參校的學官們每人住一棟宿舍，而且還可以帶著家眷參加受訓，像是度假一般；我們這一批入伍生睡的雖是大通舖，但我們也知道，學官們當初也是和我們一樣經過入伍及其他歷練，才有今日的待遇。

接受入伍訓練的學生很多，除了我們這批官校入伍生，還有空軍通信學校及機械學校入伍學生，空軍通校及機校學生分別被編入第一及第二區隊，至於我們這三百餘位官校入伍生則被平均分入第三、第四區隊，我被分到第四區隊。我們學科方面除了接受一些基本的發動機學、軍中禮儀等課程外，每天就是按著陸軍步兵操典出操，接受紀律嚴明的入伍訓練，從一早的整理內務、盥洗、用餐到上課、出操，乃至晚間的就寢，管理都十分嚴格，每天生活緊張的不得了。放假日同學們既沒錢也沒閒，累得只想待在寢室休息，唯一的活動是到東港街上看一場電影，這已是天大的享受了。半年後，當我們完成入伍訓練時，為了確保往後的飛行訓練，同學的體格都達到飛行標準，我們又經過一次體格檢查，淘汰了幾十位同學，通過體檢的同學，就準備接受飛行初級訓練。

初級訓練

我們這兩百餘位完成入伍訓練又通過體檢的飛行生，就在民國41年1月一起進入虎尾的初級訓練大隊，接受學科及術科的訓練：學科是在教室裡由教官講解空氣動力學、飛機結構、機械、儀表、氣象等與飛行有關的課程；術科是開始PT-17初級飛行訓練，PT-17是雙層機翼的飛機，機身小而輕，但頗為結實，只有幾個儀表，結構簡單，不需一般跑道，在虎尾機場草地上就可起降，僅供初學飛行者練習用。

我們的飛行訓練大致是每天分成上、下午輪流練習飛行，如第一天上午飛行，次日的訓練就改為下午，如此交錯飛行、休息，至少訓練6小時才可放單飛，如果超過10小時還無法單飛，就會被淘汰。每六個學生為一組，由同一個教官帶飛，我那組的六位同學編號是從111至116，分別是林旭初、朱家鰲、王長文、我、李祥麟、曾秀峰，教官是士校改官校十五期的王叔光上尉。

王上尉是一位好教官，帶飛時雖然要求標準頗高，但講解也很清楚，下了飛機則待人親切，對我們也很關心。我們六個學生，每人每趟由教官帶飛約半小時，其他的教官帶飛方式也一樣。第一趟由教官帶著我們飛行，讓我們體會飛行上上下下的感覺；第二趟以後，教官就漸漸由我們飛行生自己操控，教官坐在我們後面指導。我是飛了6.5小時後放單飛的，在我這組中成績還算不錯，但同學中也有不少是6個小時就放單飛的。這個階段就已經有更多同學因身體不適應、飛行訓練不合格及其他問題而陸續停飛後轉科（通信、機械、領航）或被退訓。

為了使我們能維持空勤體位，我們在初訓大隊的伙食相當不錯，休閒娛樂則頗為簡單，除了在籃球場打打球，在宿舍玩玩撲克牌，星期天只能在機場旁逛逛，有時在附近草棚買幾個包子、一點花生米，就算是吃點零嘴，慰勞自己；偶爾從虎尾坐火車到斗六看場電影，就已經是十分難得的事。

高級訓練

受訓半年後，我們大約一百八十餘位同學，再於民國41年7月以踢正步方式進入岡山空軍官校的高級訓練大隊，接受校長方朝俊的檢閱後開始了高級訓練。我們繼續在週間分上、下午交錯上課及飛行訓練，學科教育有空氣動力學、氣象學、發動機學、無線電學、儀器學、航行學，也有英文、理則學、倫理學、體育等，有些是深入學習，有些是新加入的課程；術科教育方面前半年飛T-6，這是單螺旋槳後三點飛機，也就是前面兩個輪子分別在機翼兩側，後面一個尾輪在機身末端，因飛機有些頭重腳輕，落地時機頭栽下的同學大有人在，這種情形被稱為「拿大頂」，凡犯了拿大頂錯誤的同學，依規定會被罰在跑道上推輪胎，我們被罰後自然會邊推邊檢討，以後落地會小心，犯錯會減少。那時並非只有懲罰，凡內務好的、學習表現好的，會有放榮譽假等獎勵。

後半年開始分科教育，我是戰鬥科的，還是飛T-6，轟炸科的則改飛AT-11，無論是前半年還是後半年，訓練都集中在小港、歸仁兩個機場，飛行訓練仍以6人為一組，每人每趟練習半小時。戰鬥科的飛行訓練科目已增加到編隊、長途、儀器、炸射及夜間儀表飛行等。在高訓大隊受訓期間，軍方已相當注意我們的伙食，好的伙食才能養成好的空勤體格、好的空勤體格才能造就好的飛行技術，因此，當時我們的伙食已經與空軍部隊飛行官相同了，我在此強調伙食的原因是當年一般家庭旦求溫飽，好的伙食是一件奢侈的事。

值得一提的是，高訓大隊受訓的前半年，正好趕上民國41年的雙十閱兵大典，為了展現國民政府遷台後的實力，軍方動員了相當龐大的海、陸、空兵力及武器展示，我們空軍官校學生自然也不例外，閱兵之前幾個月，我們就在岡山練習踢正步，閱兵之前幾週，我們官校生又進駐台北松山機場棚廠，每日揮汗練習。

雙十節當天風和日麗，上午舉行閱兵大典，下午則為民間團體及各級學校遊行。閱兵典禮時，我們三十三期空軍官校學生，各個英武挺拔、精神抖擻，整齊劃一踢正步通過閱兵大典司令台前，博得如雷掌聲，至於閱兵大典司令台上蔣中正總統的英姿及舉手答禮的動作，我們因為緊張，竟然都來不及細看就已通過閱兵台了。十幾年後，我已和芝靜結婚，有一次偶然和芝靜聊天，才發現她也在學生的行列中參加遊行，當年就算我遇到她，也不會多看一眼，因為那時她是個才讀初一的小女孩。

官校畢業

民國42年8月31日，同學們穿著軍常服，在禮堂列對站好，等候先總統蔣公親自到岡山主持我們空軍官校三十三期飛行學生的畢業典禮，蔣夫人亦偕同蒞臨，當時的空軍總司令王叔銘上將、空軍副總司令徐康良少將、空軍訓練司令李懷民少將也都在座。蔣總統、王總司令等長官向我們致詞訓勉，同學代表也向蔣總統獻謝詞，然後我們立正站好，由王叔銘總司令為我們一一在左胸前配戴飛行胸章，同學們再與蔣總統、王總司令等長官合影留念，結束了這場簡單卻十分隆重的典禮。我們畢業的同學共有142人，畢業人數之多在空軍是空前，也可能是絕後；淘汰人數之多也可能是如此，因我們這一期的同學實在太多，當時空軍的飛機已十分老舊，空軍的飛行部隊也無法容納這麼多飛行員，同學犯了一點飛行小錯誤或行為上出了一點小偏差，都會毫不留情的被淘汰。

1：黃文騄任官時照片。
2：黃文騄在AT-6駕駛艙的前座。
3：黃文騄飛PT-17時的個人裝備。
4：黃文騄初級飛行訓練時與王叔光教官合影。

1	2 3 4

1	3
2	4

1：黃文騄在虎尾的PT-17初級教練機群。
2：黃文騄在空軍官校受訓時的AT-6機群。
3：黃文騄與隊員在C-46運輸機前合影。
4：黃文騄在第十大隊飛C-46時與隊員合影。

空軍預備學校33期生飛行入伍訓練結業留影，黃文騄，攝於屏東東港。民國41年1月4日。

李芝靜：小學至高中（1949－1958）

完成小學學業

民國38年11月底，我們七個姊弟跟著父母及隨行的景副官、侯媽在高雄港登陸後就直奔台北，在圓山附近的一家旅館住下，大約住了十幾天，印象最深刻的是吃到了從未嚐過的香蕉，母親還買了一本學台語的書，我也跟著學。父母在杭州南路買了一幢日式房子，院子裡有一個水池，房間也有三、四間，我們搬進去後覺得既新鮮又有趣，塌塌米就是床，可以到處打滾；房子是架在木板上的，妹妹們和我可以在地板下面的空間鑽來鑽去玩捉迷藏。但是不久，家中的積蓄不是被父親部屬借貸，就是被朋友邀父母投資等方式拿走，都是有去無回。還好父親已向國防部報到，在高級參謀室掛了參謀的虛職，每月開開會而已，但母親和我們也都因此有了眷屬補給，雖因食指浩繁，父親薪餉不夠養家，但總算聊勝於無。即使家用短絀，父親仍拒絕了眷舍的配發，他認為那時來台的孤兒寡母太多了，就算苦一點，也要將權利讓給這樣的眷屬他才心安。

此時我們也報了戶口，名字就是那時被戶籍人員改的（見第四章），父親覺得侯媽的名字侯王氏不好聽，報戶口時也將她的名字改為侯王榮。達到入學年齡的二妹芝慮、大妹芝安及我依學區分別就讀東門國小一、三、四年級。本來校方怕我程度不夠，要我跟著大妹讀三年級，我當然不願意，好在母親及景副官拿了小學課本為我們補習，我們入學後功課都跟得上，也交了不少好朋友。可能是日本留下的風氣，學校流行打棒球及躲避球，我們班還當過校際比賽的啦啦隊，不用上課在棒球場為棒球隊員吶喊加油，現在還記得啦啦隊的隊呼；我也喜歡打躲避球，不擅運動的我也能和同學一起在操場運動，實在開心。

民國40年，在東門國小唸完五年級後，父母又讓我及芝安、芝慮去考台北女子師範附屬小學插班，也讓芝德去報考一年級，但只有我通過插班考，轉到女師附小去讀六年級。那時因台灣局勢不穩，政府常常舉行防空演習，為了怕空襲，父母就把家搬到川端橋畔的廈門街，我讀女師附小這一年每天是由景副官騎腳踏車接送我上下學，妹妹們則轉到螢橋國小去念書。東門國小和女師附小在教學風格上是有差別的，前者著重學業成績，老師對學生的要求很嚴；後者重視學生的個別發展，老師注重學生的個別性向，常在上課中給我們一些啟發，在課業上的要求反而不多，所以我又快快樂樂的度過最後一年小學生活。畢業典禮是在晚上舉行的，有唱歌、表演，當然也有白子祥校長及導師陳思培的訓勉，典禮結束後，同學相互擁抱，依依不捨道別。女師附小的畢業典禮的確和國小不一樣，尤其在當年較為保守的教育制度下更顯特別，也讓我留下難忘印象。

初中

當年小學畢業是要考初中的。民國41年小學畢業的我，暑假就忙著考台北公立中學聯招，也報考了私立靜修女中，考試結果公立初中我只考上台北市立女中，即現在的金華國中，那不是自己的第一志願；靜修女中雖然考上了，又不想去讀。正在失望時，好運居然來了，可能是隨國民政府遷台的家庭太多，在家長抗議錄取率太低情形下，公立初中又增班並重新分發，我才僥倖被分發到我的第一志願省立台北第一女子中學初中部，那時還有入學口試，但凡筆試錄取的口試也錄取了。剛入學時有八班，學校以「八德」來分班，我被編入仁班，開學後又增加了四班，好像是從其他公立學校分部轉過來的，學校就以公、誠、勤、毅校訓來分班。

學校為了空襲時可發揮對學生保護作用，就從民國41年我入學開始，將白衣黑裙改為綠衣黑裙。除了綠制服，還有一套童軍制服，童軍制服配搭印有北一女標誌的領巾、肩章，穿起來相當有精神。記得入學不久就是國慶，上午是閱兵儀式，下午是民眾遊行，我就穿著童軍服參加了下午的國慶遊行，自己感覺神氣得不得了。我們畢業前會有童軍露營，學校怕女孩在外露營危險，所以我們穿著童軍服，在操場露營三天兩夜，也留下有趣回憶。

北一女初中時代的老師各個博學多聞、教學認真，給我打下了扎實的學業基礎。例如，初中二年級的英文老師王慧珍的教師辦公室在光復樓的一側，我們教室則在另一側，她走路很慢，聽到打鐘，再扭動著矮胖身軀走到我們教室要五、六分鐘，為了不浪費

忠、孝、仁、愛、信命名各班級，後來學校又接受了建中、師大附中等校分部女生的轉入，成為義、和兩班。高中的學校生活一切就輕駕熟，沒有適應問題，但老師們對課業的要求更加嚴格。我們高一、高二的教室在光復樓，到了高三前五班就被安置在光復樓對面的明德樓，因明德樓只有五間教室，義、和兩班就被安置在圖書館樓上，那裡剛好有兩間教室，學校這樣安排是希望我們可以不受干擾，專心學習，準備大專聯考。

學校除了校長依然是江學珠，老師們也都是一時之選。當了我們三年班導師的修海倫，也是我們英文老師，她教忠、孝兩班，從高一開始，上課就用英語講課，連文法也是全英文課本，用英語講授，除了外加英文參考書外，寒暑假要看改編的簡易本世界英文名著寫心得，例如，簡愛、塊肉餘生錄（大衛考柏菲）等，修老師似乎較資深，其他各班英文老師都聽她的，所有課外讀物全年級相同。國文老師王瓊珊，據說是江校長從諸多師大中文系優秀的應屆畢業生中指定要的老師，他真的不簡單，國學底子很深，教學也不含糊，還逼著我們背論語，而且不許我們只背國立編譯館刪減過的中國文化基本教材，而是到書局去買完整的論語，從學而篇開始，一篇一篇的往下背，連順序也不可調動。我們被整得好慘，也想點子揶揄他，因為他是男老師卻取了女性化的名字，調皮的我們只想，你在課業上整我們，我們就在別的地方整你。他在我們同學間的趣事頗多，現在開同學會時，我們最常講到的就是這位老師。

高一的生物老師王申望要我們教的期末作業是製作生物標本，為了繳交作業，同學們上山下海的找動、植物標本，又跑到中央圖書館，即現在的國家圖書館找資料寫報告。許多年後，她當了滬江中學校長，是我帶學生到該校參觀時才知道的，可惜那天她不在，我失去了再叫她老師的機會。此外，歷史老師萬良教學旁徵博引、生動有趣，使我樂於學習歷史；地理老師任東山說話幽默風趣，也鼓勵我們問問題，有一天，偶然翻到國立編譯館編的教課書背面一看，發現編輯委員中竟有任老師的名字，不禁對他肅然起敬；物理老師李寶和講課神采飛揚、深入淺出，使我們對艱澀難懂的物理定律也能聽得懂。再提一下解析幾何老師金聞天的教學，他教學認真、講解清晰，但怪的是無論我上課再用心，下課再下功夫做練習題，考試就是考不好，他小考分數可以從A、B、C、D……一直往下打，我居然得了H的評分，我也不知是幾分，也不敢去問，而且同學們也常被他罵：「妳們的腦筋呀，too simple！」這是高三的課程，我想我要留級了，但後來大家也都糊裡糊塗畢業了。

在江校長帶領下，北一女的教育是均衡發展的，音樂、體育、家事沒有任何一種課程會被忽略。後來我能做一些簡單點心、冰淇淋，結婚後能為孩子們用縫紉機縫衣服、織毛衣，都是在高中求學階段家事課學會的。星期一上午的週會課不分年級集中在禮堂舉行，學校常安排一些精彩演講，記得當時的清華大學梅貽琦校長都曾蒞校演講過。我很喜歡學校為學生編製的「做人之道」，無論高、初中學生人手一冊，週會、班會都要朗讀，對我待人處事影響很大。那時我們除了軍訓課要打靶，這是許多人共有的經驗，不稀奇，但被教官帶著到婦女聯合會為國軍將士們縫製軍衣的經驗就不是大家都有的了。婦聯會不敢讓我們縫製軍服，只敢讓同學將剪裁好的粗棉布縫製成內衣褲，工作人員不信任我們技術，縫紉機車內衣褲的線歪一點還不要緊。工作人員也不斷提醒大家：「妳們要認真縫呀，縫的不好我們還要花時間拆！」

學校在課業上的要求一點也不含糊，每一學科都有小考、月考，同學的書包內都有一本測驗紙，有些老師說考就考，只剩五分鐘就下課了，還要我們拿出測驗紙來考試，大家整節課都緊繃神經，直到聽見下課鐘聲才舒了一口氣。月考的考題往往很難，英文會用China Post內容命題；數學試題多得寫不完，聽到打鐘才被監考老師催著唇焦舌燥的交卷，直到畢業十餘年後還會夢到試題沒寫完就打鐘的窘況，若當年的老師們像現在的教師一樣讀過教育心理學，就不會這樣考試了。學校嚴苛要求同學們也有道理，因為那時的聯考錄取率，加上三專，才不過百分之十幾，而且我們這一屆的升大學聯考所有學過的課程，除了外國史地都要考，這種聯考方式不但前無古人，也是後無來者，教育改革後，這種一試定終身的制度已改變了。

高中生活並非只是讀書，總是要放鬆一下的。那時補習班已盛行了，但補習風氣尚未吹到北一女，民國44年我就讀高一時，台灣因美國第七艦隊的協防，時局已相當穩定，各種建設也相繼展開，也有了育樂及其他商業活動。那時星期六是要上班上課的，但學校星期六下午開了班會就沒事了，高一、高二時，我周末放學後，偶爾會和同學去看場電影，因母親管教甚嚴，晚回家一定要先稟告父母；有時星期六下午也會到學校對面的法院看開庭，多半是民事庭，不是夫妻要離婚就是子女爭遺產，看久了覺得沒意思也就不看了。因我是郊區生，平日放學後不須打掃，可以早點離校，一個人往台北車站走去搭公路局往木柵公車時，往往駐足在重慶南路的書店看不用花錢的書，多半還是看小說，有時不知不覺就瀏覽了一小時。有時學校靠近總統府旁的廣場也會有軍備展覽，走到車站途中也會順便看看，後來三軍球場蓋好了也就不再有這類展覽，三軍球場後來也拆了，現在都變成道路了。

國民政府遷台以迄民國四十、五十年代，年輕人結婚的早，當時因我家女孩眾多，早已吸引了不少男孩注意，我在上、下學的公路局班車上，也常聽到穿著高中制服的男生在經過我家方向時議論紛紛，話題總離不開我的幾個妹妹，但男生議論時，萬萬也想不到車上正有一個穿著綠色制服、偶爾帶著眼鏡，不修邊幅、樣子古板的書呆子竟然會是她們的大姊。雖然如此，我就讀高二時，居然認識了文騄，那時芝安就讀新店文山中學高一，已因父母親朋友的介紹，與他們的兒子交朋友，就連才就讀文山中學初二的芝慮，也不斷受到校外男生的搭訕，她們交男友的年齡在當時並不算早，那時高中一畢業就結婚的女生大有人在。總之，我的妹妹們在父母親朋友及高中男生之間都相當有名，也是因為如此，文騄的母親才會在我就讀高二時，竟也像父母親其他的朋友一樣，因耳聞親自來到我家替她的小兒子文騄說媒啦！

我的父親與文騄的父親同為黃埔二期同學，後來又同屬胡宗南西北部隊，交情深厚，雖然文騄的父親沒有來台，但兩家仍有來往。那時文騄已在屏東空軍第十大隊擔任中尉飛行官，有正當職業，無不良嗜好，因此我的父母也就同意我和他交往。那個年代民風保守，交異性朋友一定要得到父母同意，否則是會在家中引起軒然大波的。北一女學生因多半準備考大學，所以沒有把心思放在交異性朋友上，但偷偷交男朋友的也不是沒有，就算交了也只會告知一、二好友，更不會讓校方知道。我自認成績不夠好，只有心無旁騖的全心拚考大學才有勝算，交男友的事完全沒有放在心上，到了高三，更是把所有心思都放在升學上。可想而知，可憐的文騄自然被我屢屢拒絕，休假來到我家只能陪我父母聊聊天，我應付幾句，就躲到房內念書去了。因為父母的緣故，我在高中時期和文騄看過幾次電影，但總是偷偷摸摸的唯恐同學知道，到了高三，為了大專聯考，更不願把時間花在交異性朋友事上。

民國47年6月，我北一女高中畢業，揮別讀了六年熟透了一磚一瓦的學校，告別已有六年友誼難捨難分的同學，也結束了三年充滿回憶、又愛又怕的高中生涯。這時我大妹芝安、二妹芝慮、三妹芝德及四妹芝定也分別完成了新店文山中學高二、初三、初二及木柵國中初一的學業，五妹芝燕及弟弟觀德仍就讀溝仔口考試院附設中興子弟小學五、四年級。我們的母親在我就讀高中時已因戰幹團學歷，先在台北市立女中高中部擔任軍訓教官，後來又以軍職轉任公職，在台灣省政府社會處上班，上班地點在台北，直到65歲屆齡退休為止。

1
——
2

1：李芝靜（最後一排右九）初三仁班畢業紀念照。民國44年6月。
2：李芝靜（倒二排右五）北一女高三忠班畢業紀念照。攝於民國47年。

第六章

軍旅生涯的展開

戰鬥部隊（1953－1954）

自空軍官校畢業後，我因為是戰鬥科的，就被分發到第十一大隊擔任准尉見習官，和我一同被分發到十一大隊的同學共有42人。第十一大隊一下子增加了42位見習官，根本超出部隊的訓練容量，再加上飛機狀況很老舊，在十一大隊的五個月根本沒有飛機可飛，因為飛行官實在太多了，後來只留了12人，其他的戰鬥科同學就被調到二十大隊，我也是其中之一，這時我是以少尉飛行官被任用。當時我們在二十大隊的戰鬥科的同學就有七十多人，再加上原來飛轟炸的22人也都在那裡，人還是很多，但總算還有機會飛了幾次，我飛的是C-46副駕駛位置。不久戰鬥部隊又有缺額，總部徵求我們的意願，把我們14個同學調到屏東第三大隊。那時第三大隊還是飛P-47（後來改稱F-47），我去受換機種飛行訓練，但很不幸的是，我們14個人快完訓時出了兩件事，一次是同學的飛機衝出了跑道，還好人機均安；另一次是魏大智同學把飛機給摔了，人機都損失了。因為這兩件事，總部在民國43

年8、9月間，把我們這12人（一人停飛、一人殉職）全部調出，我被調到第十大隊102中隊。

順便一提的是，空軍官校三十三期同學還是飛行生時期摔飛機損失的人數不算，僅僅是畢業一年內，除了魏大智同學，不幸摔飛機殉職的同學還有李樹源、閻振華、劉宗誠等人，都是飛F-47殉職的，飛機狀況老舊及機場設備不佳可能是主要原因吧，總之，這些嚮往飛行的同學畢業未及一年就這樣犧牲了。

空運部隊（1954－1964）

例行性任務

第十大隊隸屬第六聯隊，第六聯隊是運輸聯隊，負責軍中人員運輸、空投補給、支援演習及空降部隊跳傘訓練任務，管轄第十、二十兩個大隊。當時第十大隊的大隊長是烏鉞上校，這時我才正式開始飛C-46，飛了一陣子，戰鬥部隊又有缺額了，總部再徵求我們戰鬥科同學的意願，但這次我們都已意興闌珊，一則因C-46已飛了一段時間，已經上手了；二則因我們已兩次被調進調出，焉知不會有第三次。雖然年輕人都喜歡飛戰鬥機，覺得自己很神氣，但基於以上兩個原因，我還是決定留在十大隊。到了民國44年10月，我在十大隊晉升少尉，依據我的飛行紀錄，自進入官校接受飛行訓練迄今，我的PT-17的總飛行時數為68小時40

分；T-6的總飛行時數為188小時35分；C-46的總飛行時數為247小時55分；總飛行時數為505小時10分。次年7月，我又晉升中尉，此時我C-46的總飛行時數為464小時50分；總飛行時數為722小時5分。

我在民國43年進入第十大隊102中隊後，工作就安定下來，在第十大隊一待就是九年，這一段時間我就是這樣從事著單調、重複的上述空運部隊的工作，而且在民國52年成了家，本以為我會這樣工作下去直到退伍，誰知我竟會因台灣海峽的敏感情勢而有機會在民國53年調到第三十四中隊。

除了例行性的人員運輸、空投補給、空降部隊跳傘訓練任務之外，有兩件事也值得在此提出：

其一是我調至102中隊後一、兩年，台灣政治已趨安定、經濟漸顯繁榮，而當時的中國大陸尚在民生凋敝、軍事配備落後的狀態，中華民國政府亟思光復大陸失土，曾有「一年準備、二年反攻、三年掃蕩、五年成功」的口號，所以我們六聯隊都奉命接受山區、海面等各種地形飛行訓練及夜航，並支援空降部隊跳傘訓練，我們訓練常是三機編隊或九機編隊（即三組三機編隊），若長機飛偏，後面的僚機也會跟著犯錯，所以撞山、失事也曾發生。如此訓練了幾個月，一切訓練又都戛然而止，原因是我軍方雖然不動聲色的將這些活動當作是例行性的訓練，畢竟規模太大，還是被美國察覺而加以阻止，也等於終止了國民政府的反攻大陸計畫。

其二是我終於也有了執行戰鬥任務的機會，在舉世矚目的「八二三台海戰役」期間執行空投運補的戰鬥任務。

參加「八二三台海戰役」

記載資料顯示，民國47年8月23日下午6時30分，中共出於對國際政治形勢、國共兩黨關係及國內政治經濟情勢等因素考量，決定砲擊封鎖金門，由毛澤東親自在北京中南海坐鎮，下令駐紮福建沿海砲兵部隊，突然向我金門實施瘋狂砲擊。六分鐘後金門守軍奉命還擊，在全體軍民團結英勇反擊下，迫使中共於10月5日，也就是砲戰打響44天後，宣布「停火一週」終止了砲戰。在這場砲戰中，共軍對面積只有148平方公里的金門群島共濫射了474,910發砲彈，平均每平方公尺的土地落彈四發，造成民眾死亡80人、重傷85人、輕傷136人、房屋全毀2,649間、半毀2,397間。這就是世人所稱的「金門八二三砲戰」。

金門防衛司令部總共實施反砲擊82次，射擊砲彈128,000發。此外，在海空作戰紀錄方面，我空軍健兒締造了31比1的輝煌戰果，海軍亦創下27比1的佳績。這場戰役，不但奠定了台灣永續發展的基礎，更是政府播遷來台後面對中共犯台威脅最重大的一次反擊與勝利，也是中華民國轉危為安的關鍵所在。

這44天砲戰期間，我一共執行了九次空投運補任務，第一次是去小金門投送煤油爐，第二、三次是投送麵粉，後來幾次都是運送砲彈。那時的C-46型運輸機，一次運十六個傘包，一個降落傘掛四個砲彈，彈頭部分實在是太重了，投下去好多砲彈都摔壞了。剛開始運補時使用的是料羅機場，我們的飛機是從台中的水湳機場起飛，經過澎湖馬公後，對著料羅灣飛，快到料羅機場的時候，對面圍頭的中共砲兵部隊就開始發射砲彈，等我們飛到料羅機場上空時，砲彈剛好爆炸，不斷炸開的砲彈弄得天空一片漆黑，像在烏雲中飛行一樣，我們飛機的四周到處充滿爆炸聲和火光，飛機也抖得很厲害，刺鼻的煙硝味在機艙裡也聞得到，空投任務就是在這種情形下完成的。後來我們又改在尚義機場空投，我們知道中共的砲彈不容易打到那裡，多半在附近就爆炸了，心裡就比較輕鬆些。後來晚上去空投，過了馬公就往砲火不斷明滅的方向飛去，也不需要甚麼導航了。

砲戰期間，第六聯隊兩個大隊的飛機，從開始大批運補空投時五分鐘一架，一直運補到天亮，剛開始時是晚上去，進行的還算順利，運補任務有驚無險，後來白天也去，我和湖北籍的中校隊長黃義正同一架飛機，在一個星期內連續空投了五、六次之後，黃隊長要我回屏東的大隊部休息兩天再回到水湳機場空投。就在我回屏東休假的時候，四天之內我們十大隊在金門損失了兩架飛機及八位同袍，其中之一就是我原來飛的那架編號199的C-46，失事原因研判為裝載失衡，但飛機墜海之後甚麼也沒有找到。壯烈犧牲的199號組員包括：黃義正、喻友仁、彭超群、郎德馨、陳孝富等五人，他們的姓名，至今還刻在金門「八二三戰役紀念館」的大理石牆上供後人憑弔。可想而知，如果我不休假，那位陣亡的副駕駛應該就是我。

八二三台海戰役結束一個月後，也就是民國47年11月，我晉升上尉，C-46的飛行總時數已累積為1,231小時20分，作戰飛行時間累積為60小時40分；總飛行時數為1,488小時35分。

第七章

交友與成家

黃文騄：交友與結婚（1956－1963）

交友

在十大隊工作安定之後，好些同學都已陸續成家，那個年頭不像現在，可能是經濟因素的考量，是流行早婚的，眼看下班後和我一起逛夜市、看電影的同學越來越少，要我幫忙換尿布、帶小孩的同學越來越多，又過了一、兩年，那些孩子已經繞著我叔叔長、叔叔短的叫個不停了。看到同學的孩子那麼可愛，加上自己薪餉養家已不成問題，不禁動起成家的念頭，真想有個屬於自己的家、可愛的孩子，但一來因自己放假日總是從屏東往台北家裡跑，分配給自己交女朋友時間實在不夠，二來因和同學太太介紹的小姐總是不來電，被同學逼著和人家看了幾次電影，同學不逼，我也就不再約了，成家的事不知不覺的就暫緩下來。

民國46年，我已經25歲了，仍是孤家寡人一個，在那個時代，25歲可是男生的適婚年齡，我母親已受不了了，只要我一出現在台北，她就一家一家拉著我到她認識的、有年齡與我匹配的女孩家去拜訪，其中有一家姓李，女孩父親李正先將軍和我父親同為黃埔陸軍官校二期同學，雖然我父親在大陸作戰被中共俘虜，失去音訊，但兩家仍有往來，我對那位李小姐，就是芝靜，相當有好感，人品好、儀態佳、有氣質，唯一讓我氣餒的是人家是個才升高二的高中生，而且是以升學為目標的北一女學生，不但課業繁重，而且志在考大學，根本不想交男朋友。這下輪到我做抉擇了，我可以找一位同學太太介紹的女朋友結婚，讓我母親早一點抱孫子，也可以和我母親打哈哈，等芝靜考上大學再說。我好些同學都勸我還是早點結婚好，說不定等芝靜考上大學，眼界高了，認識的人多了，我可能空等一場，但我還是決定冒個險，因為我認為要是真能追到芝靜一切就值得了。

交友的「作戰計畫」

決心已定，就擬好了我的「作戰計畫」，策略之一是不斷噓寒問暖，在母親陪同下登門李府拜訪，有時會帶一些我飛海洋長途[44]在美軍PX[45]買的東西，例如，美國製的毛線、絲襪等，那時物質不豐，這些小禮物在PX買不貴，但在台灣很貴，所以還相

44 所謂海洋長途是我國空軍與美國空軍訂定的計畫之一，因台灣的領空太小，我國空軍可以飛至美軍在日本沖繩、菲律賓馬尼拉的空軍基地，做長途飛行練習。

45 PX為Post Exchange的縮寫，相當以前我國軍中的福利中心，因為免稅，所以價格比一般市售商品便宜，當我國空軍飛到美軍基地就被視為美軍，所以可以享受在PX購物的福利。

當誘人，偶爾芝靜的母親會託我買一些東西，那時我真是喜出望外，因為這可能表示岳母（當時以伯母稱之）對我有好感，總會在芝靜面前為我美言幾句的。

策略之二是不時寄一竹簍番茄（那時不流行紙箱）給芝靜，屏東盛產果肉又紅又結實、酸中帶甜、果皮紅中帶綠色的番茄，有的番茄還帶個尖尖，好像桃子，即可口又美觀，大家多把它當水果享用，番茄洗淨、切塊、沾糖吃尤其美味，是芝靜很喜歡的水果，加上芝靜有五個妹妹、一個弟弟，女生都喜歡吃水果，我寄一竹簍去，很快就吃完了，這樣就給我再寄的機會。我雖然用了這兩個策略，而且還偶爾而和芝靜看場電影，芝靜對我總是像陌生人似的，電影放映中很少和我講話，散了場，又離我遠遠的，像我身上有什麼污穢一樣，大概是怕她同學看到吧，因為那個時代，高中生交男朋友是不被學校允許的，而且會在同學中傳來傳去。所以在芝靜高中尚未畢業的這兩年裡，我們的友誼談不上什麼進展，嚴格的說，連男女朋友都算不上，芝靜的心裡只有考大學這件事。

新策略的運用

民國47年9月，芝靜如願以償進了台灣大學，我為她高興，這時芝靜輕鬆多了，對我也不再那麼嚴肅，但我也擔心我同學的警告成為事實，因她開始參加同學及社團間的活動，交友越來越廣闊了，我也不時接獲我同學及同事向我打的小報告，告訴我有時他們在台北街頭看見有男生陪著芝靜，因此，我就決定修正我的作戰方式，因為我畢竟認識芝靜已有兩年了。

我的新策略是勤跑台北，特別是挑芝靜沒課時到她家接她出來，或趁她下課時到學校門口攔截她，一起去看場電影，再吃個便飯，然後送她回家。那時火車票並不便宜，如果想節省時間，坐快車從屏東到台北不但仍需六、七小時，而且一個月坐四、五個來回，對一個上尉軍官雖有飛行加給，但每個月固定要拿錢給母親的我而言，仍是一筆大開銷。好在那時有空軍運輸機，視需要每天或隔一、二天有固定班次往返屏東、岡山、台南、嘉義、清泉崗、水湳、新竹、桃園、松山、花蓮、台東等軍用機場，三軍現役軍人只要提出空運部隊提供的機票，或出差、開會等事由的公文，都可免費搭乘。

因我自己就是飛行運輸班機的飛行員，和同事熟的不得了，我只要一休假，跳上飛機就走了，那裡還要什麼機票，就算軍機已客滿了，我套上飛行衣，和該班次的機長打個招呼也就上飛機了，所以往返屏東、台北對我而言，真是既快速、又不用花錢，方便得很。那時除非達官貴人或機關行號，家裡是沒有電話的，加以軍中並無固定休假日，因此我常是來不及寫信，就已出現在芝靜面前了。雖然我勤跑台北，我還是小心謹慎的展現自己優勢的一面，例如，每此和芝靜見面，我儘可能穿軍服，冬天再套一件飛行夾克，因為有一次芝靜曾誇我穿軍服好帥；我也更加溫柔體貼的對待她，展現自己比她同年齡同學成熟的一面，我深知自己再怎麼勤跑台北，也不如她和同學見面機會多，一定要這樣對待芝靜，才能打動她的心。

因芝靜已是大學生了，接觸男生的機會也多了，不再介意多交一個男朋友，對我也不再閃躲，加以我是她父母唯一認可的「身世清白、不會拐騙他們家女兒、讓他們放心」的男朋友，可以堂而皇之的進出李府而不會被她父母阻擋，這對我可是一個有利的條件，因為在民國四十、五十年代，父母對子女的管教還相當保守，尤其是對女孩，倘若女孩交了一個陌生男友，除非不讓父母知道，否則一定會被父母盤問再三，能登堂入室，來到女孩家裡，可說是難上加難了。所以在芝靜唸大一時，我們就真的成了男女朋友，彼此以名字相稱，不再以李小姐稱呼芝靜了，但我也知道，她還同時在交別的男朋友，我完全不能因我們之間的友誼增進而掉以輕心，否則兩年多的心血及我自己單方面付出的情感就化為烏有了。

情感發展漸入佳境

還有兩件事，也促使我與芝靜之間情感的正面發展，第一件事是民國48年台灣中南部發生了嚴重的「八七水災」，起自日本南方海面的艾倫颱風，把東沙群島附近的熱帶低壓引進台灣，形成強大的西南氣流及豪雨，導致8月7日至9日連續三日間，台灣中南部的降雨量高達800至1,200公厘，特別是8月7日當天的降雨量已高達500至1,000公厘，接近南台灣平均全年降雨量。由於地面積水難以消退，再加上山洪暴發，導致河川水位高漲潰堤，造成空前的大水災，災區範圍幾乎遍及西部所有農業縣市，其中以苗栗縣、台中縣、南投縣、彰化縣、雲林縣、嘉義縣及台中市受災最為嚴重。正好我那幾天休假，為了不浪費假期，就決定8月7日還是要北上，因為風強雨大，自屏東起飛的空軍班機都停飛了，我選擇坐火車到台北，當火車到了雲林，鐵軌就因大雨淹沒了，靠著鐵路局用巴士接駁通車的方式，好不容易在第二天才到台北，那時芝靜已經要升大二了，正放暑假在家，芝靜見到我大受感動，因又是風、又是雨，也無處可去，我就在芝靜位於木柵考試院考選部附近的家中和她及她的父母、弟妹聊天，無形中增進了我和她及她家人的情感。

第二件事是在民國49年元旦，那時芝靜是大二學生，我得到她父母的同意，邀請到芝靜、她的三妹（其實是她的第二個妹妹，但在她家被稱為三妹）及排行第七的唯一的弟弟，搭乘軍機到屏東玩了三天，我不但徵得長官同意，這三天都不用飛行，而且還開著軍中的吉普車帶他們遊山玩水，這三天也讓芝靜體會了空軍飛行部隊隊員之間的濃厚情感，而對空軍這個大家庭頗有好感。

訂婚

就這樣交往到芝靜升大三時，我心中才較有勝算，因為芝靜對我的態度有了轉變，她也開始戴我送她的手錶、穿我送她的毛線織成的毛衣了。我們之間有了頻繁的書信往來，芝靜給我的信一封比一封更情感流露，我珍藏了她的來信，無法見面時，再三閱讀她的來信，可解我的相思之苦。後來我才知道，芝靜不但珍藏了我的信，還將我寄給她的信編了號，看來她對待我們之間的情感，比我還用心。我們之間的感情就這樣順利發展下去，到了芝靜升大四的暑假，在我母親的提親、芝靜父母的首肯之下，芝靜和我在民國50年8月5日（星期六）在台北空軍新生社席開四桌，正式、隆重的訂了婚，這時，我們已從熱戀中的情侶成為未婚夫妻了。

結婚

本以為等芝靜大學一畢業，我們就可以步入結婚禮堂，誰知我們之間的婚姻又有了波折。原來當年台大的學生流行出國，留美之風尤其盛行，曾有「來來來，來台大；去去去，去美國」的順口溜，芝靜受到她同學的影響，又興起留學的念頭，她畢業那一年，全班女生（男生要服兵役）都去考教育部的留學考試，在當年要出國留學無論公、自費，都需要通過教育部的考試。所幸那年他們系上只有一人過關，而且那人不是芝靜，她只得到花蓮商職當了一年老師。我必需要說明的是，並非她在台北找不到工作，而是她想躲避父母，尤其是她母親嚴格的管束，所以在花蓮商職主動向台大商學系徵求兩位教師，且提供免費住宿前往該校任教時，她就主動和系上聯繫自願前往，因此，她和另一位同系女同學及一位法律系男同學就一同到花蓮教書，現在那位女同學住在紐約，男同學則在花蓮某高中當了校長，相當有成就。

這一年我也只有耐心等待、認真存錢，並繼續說服芝靜不要再參加教育部每年7月舉辦的留學考試了。後來，芝靜真的放棄了留學考試，在花蓮商職任教一年後，我們在民國52年6月30日（星期日）在台北市中山堂結了婚，主婚人還是空軍總司令陳嘉尚，因我是以作戰有功、特准結婚的資格結婚的，連《中央日報》、《中華日報》等國民黨營大報也刊登新聞呢。這時，我已是31歲的老男人了，芝靜雖然才23歲，而且是她大學同班同學中第一個結婚的，但當時讀大學的女生少，一般女孩子不到20歲就結婚，她一點也不算早婚。

李芝靜：大學與結婚（1958－1963）

考進台大

民國47年，我高中畢業，成績不夠優秀，北一女8個保送台灣大學的名額我連想都不想，以應屆畢業生身分參加了全台灣大專聯考。那時大學不多，所以獨立學院、專科學校例如台南工學院、台北工專[46]等都參加了聯招，當時專科學校只有三專，都是高中畢業生才能報考，但所有大學、學院及專科的錄取率也只有百分之十幾；前面也提過，那一次聯考是空前絕後唯一一次高中三年所學各學科，除了外國史地都要考，我們這一屆畢業生在雙重壓力下，只有全力以赴，不敢稍有懈怠。那時大多數北一女學生最想進的學校當然是台灣大學，我上學、放學，木柵到公園路之間，台大都是必經之路。我已不記得從哪天開始，一天兩次，坐在公路局班車上經過台大時，我都緊閉雙眼，告訴自己：「不能看台大！現在不看，以後才能天天看台大！」

激烈的大專聯考後，我真的上了台大，但因分數不夠高，考數學時一題聯立方程式解錯了，只考上台大法學院政治系，這和我的

[46] 台南工學院即現今國立成功大學、台北工專即現今國立台北工業技術學院。

理想有很大差距。我們因每科都考，所以填寫分發志願書時每一系都可填寫。我最想進台大醫科，但自知那是妄想，所以我的第一目標是台大化學系。當年化學相當熱門，我受當時潮流影響，也受常常在一起念書、聊天的同班好友翟寧春、宋安琴影響，一心想念化學相關科系，以後當個工程師或科學家，填寫分發志願書時，就從台大醫科一直填到最後一個學系，完全沒有選系不選校的概念。政治系雖非自己所願，但畢竟還是自己想念的台大，考大學這麼辛苦，也沒勇氣重考，何況熱心的鄰居鞭炮也放了，當然還是要去念，而且住在附近，每天通車都會見面聊天的北一女學姊，比我先考上台大外文系，她早就告訴我，台大學風開放，進了台大，只要成績好，得到想轉入學系系主任的同意，轉系不會太難。因此在考上台大的同時，想先入學再轉系的念頭就已萌發了。

民國47年9月，我進了台大，參加新生訓練時有兩個感覺：一是我終於可以徜徉在椰林大道上，一睹台大校園的風采；二是在校園看到的都是高中時的熟面孔，毫無陌生感。新生訓練時校方又測試了英文，作為修習大一英文分班的依據；國文分班則依據聯考分數。我的國文、英文幸運的都被分在法學院第一班，這完全要歸功母校老師的諄諄教誨及嚴格督導。

政治系

新生訓練後開始了正式大學生生活，有課就去，沒課時就隨心所欲愛做甚麼就做甚麼，高中時每天念書念得天昏地暗，和現在的大學生活自由自在簡直是天壤之別。到校上課有時坐公路局班車，有時天氣好、又非尖峰時段時，我也會騎腳踏車，大約四、五十分鐘可抵校園，騎車是高中時代借同學腳踏車在學校操場學會的。那時我們一年級同學的上課教室多在臨時教室及普通教室，我那一班英文則在文學院上課。臨時教室在我們畢業後被拆了，普通教室現在還在。有時來晚了，進了校門，聽到鐘聲，趕快跑進臨時教室還來得及，但普通教室就遠了，聽到鐘聲，趕快往教室跑還會遲到十分鐘。

大一除了國文、英文、三民主義、中國通史等各學系都須修習的一般必修課程，也有政治系的政治學、法學緒論、哲學等專業課程。教授們都是術業有專攻的飽學之士，例如，教三民主義的傅啟學教授是國父思想的權威學者，也是我們政治系一年級的導師，但我是後來看公告才知道的；教政治學的趙在田教授，曾擔任過外交官，上課喜歡講到美國，不知是不是因留學美國還是在美國擔任外交工作；法學緒論林紀東教授，是一位大法官，親切和藹、學養俱佳，上課常講一些判例。

進了大學，上課時間少了，但小考、報告並不少，三民主義傅啟學教授每次的報告都要求一萬字以上，用稿紙手寫釘成厚厚一本，以前是沒有電腦打字的。記筆記也成了大學學習重要部分，就算有課本，教授的考試或報告命題都與上課講授的內容有關，好的筆記有助考試及報告拿高分，我的筆記應該做的還不錯，因常有同學會向我借，下了課，有時我也會去請教教授們一些與課業相關或無關課業但我有興趣的問題。我一年級因一入學就有轉系動機，而且只要學年學業總平均在85分以上、操性分數在80分以上，可以向父親服務的國防部申請獎學金，所以學習還算認真，上、下學期都得了書卷獎，各獲得獎金50元及獎狀一紙，得書卷獎的條件是學業平均成績為全班前百分之五，政治系一年級約有四十餘人。

進大學的第一年，除了認真上課，也偶有翹課，反正也沒人會管，但因高中所有時間都花在課業上，現在太放鬆也不習慣，所以常跑圖書館。台大圖書館藏書非常豐富，至少在一個初進大學學生的心目中的確如此，我上圖書館除了念書、找寫報告資料或教授指定寫心得的專書，也是因不習慣無所事事的大學生活，只好用多讀書來填補，所以我的一本借書證全用光了。一年下來看了百餘本書，有歷史類書，例如全套司馬遷著作的史紀；有哲學類書，例如西方哲學思想史；有戲劇類書，例如莎士比亞的四大喜劇、四大悲劇等戲劇中譯本；有文學類名著，例如托爾斯泰的戰爭與和平中譯本，當然，一些小說、有趣的遊記等也都是我涉獵過的書籍。閱覽這些書籍對我思想的啟迪、視野的開拓、價值觀的建構應有一定程度影響。

除了上課、閱讀，休閒育樂不多，除了會和母親、弟妹到景美看場電影；也和已經就讀大學的同窗好友一同出遊；也會到準備重考的高中同班好友家裡聊天，為她們打打氣；還參加過寒假、暑假各一次高中同學會，多半還是已考上大學的同學聚會，第二次比第一次到會人數更少，但導師修海倫卻來了。後來同學也就各忙各的未再舉辦類似活動，直到畢業將近三十年，才再由美國同學發起在美國辦理高中同學會。大一時，也和大學同學一同郊遊，有男生、也有女生；有同系、也有外系，我曾單獨與大學女生出遊或看電影，但從未與男生單獨這樣做。當時似乎尚未有社團活動，若有，也不普及，因大學四年我都未參加過社團。

當了大學生，我也開始注意修飾自己了，夏天在戶外也學別人撐把傘，因怕曬黑；偶爾有機會吃美食也不敢多吃，因怕胖。民國48年3月3日（星期二）上午在母親陪同下，和住在附近考試院考試委員宿舍、考取政大的高中同班同學陳溫書相約到美容院燙了頭髮，下午上國文課我故意一反常態坐在後面，因怕同學看了我的捲曲頭髮會笑我，又在日記上說，燙頭髮是一件大事，我是國文課全班10個女生中最後一個燙髮的；當時我會這麼看重這件事，一定認為這代表清湯掛麵少女時代的結束，有些羞澀、有些高興、也有些傷感。

大一下學期當了家教，每週固定跑三次西門町，不是看電影，而是我的學生住在西門町，家裡開了皮鞋店。這樣我就有了經濟來源，家裡弟妹眾多，學費、生活費已壓得父母喘不過氣來，所以我們家是不給零用錢的。有了錢，我會買一些減價襯衫、長褲，但裙子、洋裝多半還是買布自己縫製，縫製技術來自高中家事課所學，縫製工具是母親買的一台手搖式勝家縫紉機。我必須節省開銷，因這時車費、學費、午餐費等都須自己支付了。好在我是軍人子弟，就讀公立學校是學費全免、雜費減半的，因為國家對軍人子弟的照顧，我才能應付這些開銷。

我讀了大學，在交異性朋友事上還是相當受父母約束，尤其是母親，大一上學期，聖誕夜和大妹芝安的男友一同參加了舞會，男友是父母朋友介紹，在母親首肯下才外出的，但因回家晚了，我和芝安都被母親數落了好久，但沒人敢頂嘴。因此在交異性朋友事上，大妹、二妹除了朋友介紹經父母認可的男友可以外出約會外，也偷偷的結交其他異性朋友，這點我們姊妹還蠻團結的，父母一直都被蒙在鼓裡。至於我自己，除了男女生團體出遊，也只有偶爾和文駼看場電影，也不敢太晚回家，有一、兩次應文駼母親要求，母親帶著弟妹和我一同到新店黃家，大家在碧潭划船，在文駼家中晚餐，再由文駼送母親及我們回家，和文駼的情感並無特殊發展。

升大二的暑假

大一下學期的暑假，我和政治系一位傅姓女生一同到農業化學系系主任宿舍去拜會系主任，那時台大許多教授都住在校園內教職員宿舍，農學院附近舟山路就有一大片。因我雖想轉化學系，但自忖想轉入的學生太多，自己並無絕對勝算，不如申請轉入成功機率甚高的農業化學系。憑一年級上、下兩學期的書卷獎，也憑著我們入學測驗考過物理、化學。在農化系系主任的默認下，到教務處填寫了轉系申請表，民國48年7月7日開始利用暑假修習普通化學、普通化學實驗。修習過程中，覺得沒興趣，也有些聽不懂；有一次化學實驗，試管中的一滴濃硫酸不小心滴到自己縫製的寬裙上，我連忙在水龍頭前沖洗了數分鐘，再用手將裙子沖洗處撐開，感覺布料完好，也就放心的做完實驗，搭車回家。一到家，用手一摸，滴到濃硫酸的布料已粉碎成一個不算小的洞。我雖然繼續上課、做實驗，也獲得了普通化學（一）、普通化學實驗（一）的高分學分，但我也開始思索我是否願意長期與試管及燒杯為伍，以化學為自己的終生工作或志業。

我從裙子破一個洞開始思考，直到要準備暑假繼續往下修普通化學（二）、普通化學實驗（二）時終於做了痛苦決定：由於自己的憧憬與性向間的衝突，我放棄轉入農化系，那天是7月26日（星期日），我在鋼筆寫的日記上，再以紅鉛筆在上面以很大的英文寫著「可紀念的一天」。雖然放棄轉農化是自己思考再三的決定，但當轉系結果公布，知道成績不如自己的同學紛紛轉系成功時，心中仍不是滋味。當年放棄了農化，還是轉入了商學系，對於出身軍人家庭，又受儒學影響甚深的我，會選擇轉入商學系，可能是大一聆聽老師上課又看了許多雜書的結果，認為潮流終會退去，但性向很難改變，所以轉入一個容易就業，又符合國家未來需要的學系。現在回想當年不轉農化系是正確的，但轉入商學系是否必要，就很難說了。總之，這是當年19歲的我，為自己一生所做的重大決定。

轉系問題解決後，我暑假又輕鬆的玩了兩個多月，那時大學十月中才開學，寒假則縮短成兩週，這是為了配合男生要上成功嶺接受入伍訓練的緣故，男生大學畢業都是服預官役。我轉入的商學系與政治系同屬法學院，大一修的課很多都相同，是不用暑假補修學分的。

民國48年8月30日（星期日）大專聯考放榜了，因校、系不理想而重考又與我談得來的五位高中同學分別考上台大、政大及東海，其中四位考乙組，只有考上東海那一位考甲組，我們同班好友又相聚為她們慶祝一番。另外，我們相約同考化學或化工的好友翟寧春、宋安琴，分別考上中原大學化工系、台北工專化工科。民國87年12月27日至30日，我們在台灣重開第一次同學會時，翟寧春還從美國回來和我在台灣相見；至於宋安琴，翟寧春及我在她就讀台北工專後相聚過一次，此後就再也沒見過她了。翟寧春信守諾言，到了美國，還是一直在密西根大學從事化學方面研究，只有我，一開始就做了化學領域的逃兵。

民國48年暑假，大妹芝安從文山高中畢業，放棄大專聯考；二妹芝慮從文山高中報考台北公立高中插班聯招，只錄取市立女中，但降轉北一女高一成功，成了我的學妹；三妹芝德考入新店南強中學高一，四妹芝定、五妹芝燕分別考入木柵初中初三、初二；唯一的弟弟觀德則遷戶口到於伯伯家，因戶籍而轉學到西門國小六年級。這年暑假，我是家中閒人，母親要上班，舉凡買菜、煮飯、陪伴芝慮轉學考、幫忙芝慮打點降轉的事、為觀德遷戶口、申請轉入西門國小都是我的事。哭笑不得的是有一天，幾位高中同學到我家聊天，我們聊得開心，一條正待料理的魚竟被野貓叼走了，因那時家家燒煤球，廚房和住家必須分開，所以野貓才有機會。好在那天晚餐父母並未發現怎麼菜色與菜價不符，那時家裡大多沒有冰箱，我們家人又多，幾乎是每天都要去景美菜市場買菜，也需每天煮飯。10月初，父親請了一位退役老兵汪興位來家中幫忙，我就慢慢放下煮飯的事。幾年後，王興位離開了，妹妹們也漸漸長大，我大學一畢業就離家，後來就未再幫助家中炊事工作。

商學系

民國48年10月19日（星期一），我轉入商學系商學組後的新學期開學上課了，這時大部分的課都在徐州路1號法學院上，所學後更是人潮滿滿。那時我正好是放暑假，幾乎天天跑新公園投票，到了9月27日（星期日）初選結果公布了，編號28的芝安果然在紡織業各廠商中脫穎而出，繼續代表紡織業參加複選。

徐州路離新公園不算遠，所以我開學後，還是在下課後繼續往新公園跑，因為大妹的參選，我常在新公園芝安攤位前遇見父母、妹妹們，轉學北一女的二妹芝慮因學校離新公園近，也常在新公園轉一圈才回家，這個活動無形中也凝聚了我們家成員的情感。10月10日（星期六）熱鬧的國慶日，上午有雷虎小組表演，下午芝安參加了花車遊行，芝慮、芝德都參加了學生遊行；芝慮、芝德的遊行5點就結束，但芝安的花車卻遊行到晚上12點，不管多晚，路旁還是擠滿了想一睹商展小姐風采的人潮。那時每晚芝安的司麥脫攤位前總是擠滿了人，人潮顯示，芝安當選有望，11月1日（星期日），商展小姐選舉結束，共入選10人，二妹得了第四名。我認為兩個月下來，芝安名聲大噪，認識的、不認識的都一票一票投給大妹，這比我考上台大難多了。

自從芝安當選後，家中就賀客不斷，民國48年11月11日（星期三）晚上芝安在中山堂加冕，正式成了商展小姐。13日第一場南下高雄的推廣活動就開始了，出發前在台北火車站招待記者，每位商展小姐還分派一位英俊的護花使者，真是噱頭十足。此後大妹的商品推廣、勞軍、剪綵及各種應酬活動不斷，有一次到金門勞軍，回程還坐的是文騄駕駛的飛機，文騄乾脆借了一輛軍中的吉普車送大妹回家，和我們聊了一下才回去。芝安就這樣過著到處跑，常常不在家的生活，到了次年8月，大妹又被香港電懋公司相中，到香港電影界發展。

交友

民國45年暑假，因文騄母親將他帶到我家而認識了文騄，雖然那時16、17歲結婚的女性大有人在，但才升高二的我功課壓力大，又準備考大學，並不打算交男朋友；進了台大，又因全力準備轉系，很重視成績，並無交男朋友興趣；轉入商學系，再無轉系負擔，才開始單獨和男生交往，文騄是其中之一。

和文騄情感增溫開始於民國49年元旦，那時我正就讀商學系二年級，文騄來我家時，提出了元旦邀請我們全家到屏東玩，這時他已來過我家多次，和我父母及弟妹都接觸過了，也和我單獨看過電影，他知道父親還好講話，母親那一關就難說了，當然他是想最好只邀請我一人，但為了能得到母親的允諾，也怕單獨邀我會被拒絕，因此他才提出邀請全家。母親爽快的答應了，但大妹因商展小姐活動不在家，母親開出去屏東的名單是她自己、我、二妹芝慮及弟弟觀德，我也很高興的願意前往，因為屏東我還沒去過呢！文騄聯絡了他的同學朱家驁，要他為我們幾人辦理搭乘軍機，原來那時屏東的空軍運輸部隊是有軍機往返松山、屏東的，但中途可能在桃園、新竹、水湳、清泉崗、台南等地依不同班次降落不同軍用機場，我們這些陸軍眷屬因有眷補證是可以搭乘的，但若不是因文騄的緣故不會這麼方便。

元月1日（星期五）上午，我和朱家驁聯絡的結果，知道當日下午就有飛機。我們匆匆準備，母親臨時決定不去了，但仍送芝慮、觀德及我到松山機場，下午四點多搭上正巧由文騄駕駛的都被我拒絕了，覺得同學知道了我會不好意思，也認為那只是形式，沒有甚麼意義。

大三剛結束的那年，還有一件事值得記載，民國50年6月24日（星期六）上午從學校回家已快11點了，那時星期六是要上班、上課的，父親拿了一份公文給我看，原來是國防部高級參謀室分到了3戶眷舍，凡是沒有配到眷舍的家庭都可以去抽籤，父親說不去抽籤也沒關係，因抽中的機率太低了，何況12點高參室就下班。但我說反正公路局月票夠用，高參室在公館附近，下班前到得了，無妨去試試看。我到了高參室，那裡的職員都認識我，因除了開會，其他領餉、申請我和妹妹們的在學補助金等瑣事都是我去辦理的。職員拿出一個小紙箱對著我說：「來得正好，還有一戶沒被抽出來！」我把手伸入紙箱，感覺箱內還有好些捲成長條的紙，摸出一個，打開一看，哇！抽中了！就這樣，我們終於在板橋大庭新村配到一戶眷舍，那是甲種眷舍，兩房一廳一衛，我家人多不夠住，父親又寫信給他的長官尋求協助，後來如何在原處增建了二樓我不太清楚，我畢業後，父母及弟妹遷入大庭新村，後來眷村改建成國宅，弟弟一家還住在那裡。我最覺遺憾的是自己大學畢業一年後就結婚，對家中經濟毫無幫助，愧對生養我的父母，也許這棟房子就是唯一的貢獻吧！

就在升大四的暑假，文騄的母親實在按捺不住了，跑到我家提親，父母親問我的意思，我想，既然文騄母親那麼著急，為了讓她安心，就答應了，所以文騄和我在民國50年8月5日（星期六）下午在台北空軍新生社訂婚，還請我的乾爹袁樸將軍當我們的介紹人，乾爹是黃埔一期的，是父親的好朋友，那時是南部第二軍團總司令。我們訂婚的事我只告訴經常在一起念書、聊天的張令嫻、王彬彬、廖夏江。

大四就在上下課、在學校和我那三位好友念書聊天、給文駼寫信、和文駼看電影聊天中過去。民國51年6月，我自台大法學院畢業，6月16日（星期六）上午，我又回到台大校總區，和張令嫻、王彬彬、廖夏江穿上學士服在椰林大道拍照，也和全班同學拍照，我們的男朋友都來了但家人未參加，在體育館舉行畢業典禮，司儀是比我們低一屆的方瑀，那時她已擁有中國小姐頭銜，因為她，使我們的畢業典禮格外熱鬧。畢業典禮後，我和三位好友也互道珍重，大家各忙自己的事業、家庭。除了在我的婚禮上，以及後來和廖夏江還見過幾次面，直到邁入中年，我和她們才分別在美國及台灣再相見。

1 | 2

1：李芝靜與大學好友之畢業紀念照，右起為李芝靜、廖夏江、王彬彬、張令嫻。攝於徐州路臺大商學館，民國51年6月15日。

2：李芝靜攝於臺大傅鐘前。民國51年6月6日畢業典禮當日。

畢業前，我就在台北一家貿易公司找到工作，那時台灣經貿正蓬勃發展，找工作似乎不難，那家公司還是我從幾家中挑選的。7月1日，我也參加了自費留學考試，因那時去國外尤其是美國留學的風氣盛行，留美被稱為鍍金，連自費留學也要通過教育部的留學考。台大的畢業生為了生涯發展，留學美國成為普遍選擇，所以我四年級也在矛盾中申請了美國研究所的入學許可。好在自費留學考未能過關，它替我做了留在台灣的決定。我留學不成，但也不想立即結婚，正準備七月初到公司上班，誰知竟從系上得到消息，花蓮商業職業學校黃芝潤校長到系上找教師，愛玩的我自從大二元旦到屏東一遊，就再也未蒙母親允許再去，自認機會不可失，乃向系主任李穎吾提出願到花蓮任教的申請，那時想去的同學一定不多，我一申請系主任就准了，自然我也向已應聘的貿易公司辭職，後來李穎吾主任當了東海管理學院院長，有一陣子我在東海企業管理系兼課，曾在東海學人宿舍見過他，又續了一次師生緣。

民國51年8月28日（星期二），我在文騄的陪同下搭乘公路局班車到花蓮，行經險峻的蘇花公路，風景優美、壯觀，因有文騄的陪伴，不覺得驚險，只覺得新鮮有趣，下午抵達縣立花蓮商職（現在的國立花蓮高商）報到，黃芝潤校長親自接待我們，還陪我到學校後面進豐街1號的宿舍，原來黃校長為了禮遇他親自向台大聘請的老師，竟配給我和另一位會計組的同系同學李哖兩位女老師共用一棟宿舍，廚、衛一應具全，日式榻榻米房間，住得很舒服。黃校長真是一位好校長，辦學認真、對待師生都很親切。那時李哖已比我先報到住進了宿舍，我們的臥室僅以一道拉門隔間，兩人要聊天也很方便。另有一位法律系同屆畢業的黃英吉，是空軍官校停飛後轉法律系的同學，他住男老師宿舍，就沒我們宿舍舒服了。

九月開學後，我擔任初一丙班導師，教初中部一年級的經濟及高一、高三的英文；李咩教高、初中的會計、簿記；黃英吉則教公民及商事法。那時的商業職業教育從初中開始就練習珠算、簿計等技能，對台灣的經濟發展奠定了扎實基礎。花商的學生很守規矩，上課也很認真，初、高中都是男女混合編班，一開學面對高大的男生有點不習慣，過了一段時間也就沒感覺了。老師的生活很單純，除了上課，我們三個台大同學下班後常騎著腳踏車在中華路一帶逛街，有時也一起吃宵夜。開學不久的9月13日（星期四）就是中秋節，那天放假，晚上我們三人坐在宿舍不遠的海灘上吃月餅、聊天、看月亮，真是詩情畫意，可惜文駼不在，我有一點想家，但黃英吉比我及李咩年長幾歲，安慰我們別忘了民國51年的中秋是我們三人一起在花蓮海邊度過的。他說對了，因為我們過了一生中唯一三人在花蓮海邊的中秋，一年後，我結了婚，搬到屏東；李咩好像又教了一年，然後去了美國，聽說她定居紐約，但我們從未見面；黃英吉一直留在花蓮，後來他和法律系能幹又聰慧的同屆同學結了婚，也當了四維高中校長，我到花蓮去時見過黃英吉，但也沒機會常見面。以後到了這個節日，我真的總是不由自主的想起這個令我難忘的中秋。

在花蓮的一年，文駼來找我還是軍機往返，方便得很，每次他來，都住花崗山靠近花蓮高中的國軍英雄館；我去找文駼的次數更多，星期六下午或放連假，我騎上腳踏車，約30分鐘就可抵達花蓮機場，管機場的士官長是我學生的家長，我放下腳踏車請他保管就上了軍機，到了屏東就住李修能先生家，回到花蓮機場，騎上腳踏車就回宿舍。因為黃英吉和文騄同有空軍官校求學背景，每次文騄來找我，他們都談得很投機，後來也成了好朋友。

結婚

如此逍遙自在的過了一年，我終於同意結婚了，我雖然得到父母及很多長輩、同學的祝福，可惜芝安已經去了香港，不能參加我的婚禮；芝慮北一女畢業後考上了台北師範大學中國文學系，才讀了一學期因男方家長催得緊，就和從成大畢業的妹夫程一帆結了婚，婚後又讀了一學期，大女兒乃華出生前就休學待產，我結婚時她因害喜的厲害，也沒有參加我的婚禮；三妹芝德那時已自南強高中畢業，四妹芝定還在育達商職高中部就讀；五妹芝燕就讀金陵女中高二；弟弟觀德還是木柵初中初三的學生，所以他們都出席了我們的婚禮。

民國52年6月30日（星期日），我們在台北市中山堂結了婚，那天婚禮的證婚人是空軍總司令陳嘉尚，我的乾爹仍擔任介紹人，文騄的伴郎是他官校同學龐紀青，我的伴娘是高中好友張致渝，我好些高中、大學的同學都來參加婚禮，我台大的三位好友張令嫻、王彬彬、廖夏江當然也來了，我是大學同班同學中第一個結婚的，我常自我解嘲的說，念書的成績搶不到第一，結婚這件事總算搶了個第一。婚禮當天，我同學是參加過自費留學考試後再來參加婚禮的，當然這次留學考我就放棄了。

婚後的新房在關渡自強新村，那時文騄的母親也以遺眷身分配到眷舍，因眷舍是邊間，她利用屋旁空地加蓋了三間，中間是客

牡丹綠葉相輝映
英雄美人締良緣
空軍某部黃文騄上尉
因功奉核定特准結婚

【本報訊】空軍〇六六四部隊上尉飛行官黃文騄因戰功經奉國防部核定特准結婚，并榮獲總統頒贈結婚補助費一萬元及優先分配眷舍一棟，婚禮於昨（卅）日下午六時假台北市中山堂光復廳舉行，特請空軍總司令陳嘉尚將軍福證。

新郎黃文騄上尉，現年卅一歲，浙江浦江人，忠誠負責，熱心樂觀，品學兼優，曾參加八二三砲戰，空投空運金門任務，支援作戰皆達成使命，戰功卓著，獲頒有翔豹、飛虎等勛獎章。

新娘李芝靜小姐，現年廿三歲，浙江東陽人，國立台灣大學商學系畢業，端莊嫻淑，樸實大方，是一位典型標準的賢內助，郎才女貌，英雄美人，今日並蒂連理，眞可謂佳耦天成，緣訂三生，不知羨煞多少有情兒女。

1：結婚時合影，民國52年6月30日。

2：新婚合影，民國52年6月30日。

3：《中央日報》登出黃文騄將軍因作戰有功、特准結婚的新聞。民國52年6月30日。

廳，左邊是文騄二哥房間，右邊就是我們房間。婚後休息了幾天就開始蜜月旅行，7月4日（星期四）先搭乘公路局金馬號公車到花蓮，在二五八餐廳宴請花商的校長及同事，這一切都是我們的好朋友黃英吉安排、張羅的，然後在國軍英雄館住了一晚，7月5日再經東西橫貫公路到台中，在天祥住了一晚，以便多欣賞太魯閣、天祥的壯麗風景，到了台中，和兒時照顧我的景副官見了面，7月7日住進教師會館，在日月潭及省議會遊覽，7月11日再由台中到屏東，住進我們先在勝利路機場旁邊租的房子，開始了婚後生活。

第八章

加入黑蝙蝠中隊

黃文騄：軍中生活（1964－1968）

婚後六個多月，我從十大隊調至黑蝙蝠中隊。當時黑蝙蝠中隊需要增加飛行、領航、電子、偵查照相等空勤隊員，我知道十大隊幾位分隊長都十分照顧我，我的一位分隊長周以栗已先進入黑蝙蝠中隊，他特別向情報署推薦我，空軍總部就派人到屏東徵求我們的意願，問我們是否願到黑蝙蝠中隊工作，我當時也認為繼續待在十大隊發展不大，升遷遠比作戰部隊慢，和隊上比我高一期的好友劉鴻翌及芝靜商量後，劉鴻翌和我就都同意轉到黑蝙蝠中隊。但在我尚未進入黑蝙蝠中隊之前，周以栗中校就已於民國52年6月19日，以P2V型飛機深入大陸，被米格17在江西擊落殉職，但我進入黑蝙蝠中隊的意願並未改變。等通過英文考試、經過空軍總部情報署副署長面談後，就從屏東調到新竹。在調離十大隊之前，總計我的C-46飛行總時數為2,881小時，作戰飛行時間累積為259小時5分；總飛行時數為3,138小時15分。

調差令是民國53年1月18日（星期六）到六聯隊的，我在1月

27日（星期一）先到空軍總部報到，再到新竹黑蝙蝠中隊報到，報到後暫住在隊上宿舍，新竹、屏東兩邊跑，直到民國62年黑蝙蝠中隊解散前，我才於民國61年11月6日（星期一）至專機中隊報到上班，結束了黑蝙蝠中隊特種部隊長達8年9個多月的飛行生涯。現在將這一段特種部隊的訓練及任務，在本章及第九章、第十章做些補充性介紹。

進入黑蝙蝠中隊

民國53年初我調至黑蝙蝠中隊的時候，黑蝙蝠已不全然只執行對大陸的任務了。當時黑蝙蝠中隊分成A、B、C三個飛行分隊（Flight），我被分派到A分隊。黑蝙蝠中隊可以說是與空軍部隊完全脫節，尤其是A分隊，任務是由蔣經國先生直接下達命令給衣復恩將軍，再由衣將軍向總司令報告黑蝙蝠中隊的任務及結果。我們基地在新竹跑道的西邊，整個基地都用鐵絲網圍起來，新竹基地聯隊長都不能進來，更不用說是其他人，所以我們當然也與聯隊脫節。記得有一次空軍總司令徐煥昇帶著政戰部主任到新竹東大路我們的宿舍來（現在宿舍原址已成了「黑蝙蝠中隊文物陳列館」），總司令就叫政戰部主任留在宿舍看看環境，他要和隊長到機場看我們工作的地方，所以只有衣復恩將軍及總司令知道我們的工作內容，整個空軍都無從了解。

A分隊飛P2V，另外還有一架B-26。P2V共有三架、兩種機型，一架P2V-5（美軍編號128355）做訓練用，另兩架P2V-7U做任務用；B-26是輕轟炸機，除了訓練外，也裝上F-86D的射控雷達做為攻擊P2V的假想敵用。因為黑蝙蝠進大陸等於是電子戰，所以民國54年11月11日由李顯斌自杭州筧橋投誠飛來的伊留申28型輕轟炸機上的雷達就另有妙用，黑蝙蝠中隊把它上面的雷達拆下來，放在P2V-5上面，訓練隊員時做為假想敵來操作。除了這四架，還有一架C-47，不做任務，僅做為美國教官回台北的交通工具。

B分隊使用的飛機是C-123，先是執行「南星二號」，到了民國53年四、五月間，開始執行「南星三號」。這兩個計畫的差別是「南星二號」是美國中央情報局主持的，任務範圍包括北越、海南島等地；「南星三號」是由駐越南美軍的「研究觀察團（Studies and Observations Group；SOG）」主持的，執行的是特種任務，與戰地觀察毫無關係。

C分隊使用的飛機是C-54，執行大陸空投任務，也曾支援越戰工作。

初飛P2V型飛機

P2V低空夜航飛行訓練

我在黑蝙蝠中隊的前半年訓練是飛P2V，剛開始的兩個月先上地面學科，並未接受飛行訓練，到民國53年3月27日第一次熟習飛行，朱震教官是正駕駛，我是副駕駛，飛機是P2V-7U，機號是5080（中央情報局的假號碼），在新竹本場起落，時數是55分鐘，之後到4月17日又飛7趟熟習飛行，都是朱震教官帶飛5080

號機。4月20日起朱震教官改用P2V-5帶飛，機號是6021，其間偶爾有幾次是美國教官McHale帶飛，後來才知道，這是他在中央情報局工作時用的假名，真名是John McCaull，還有一位資深的美國海軍教官Jim Winn總司整個P2V飛行訓練。

起初的訓練在白天，4月30日那天第一次進行夜間飛行訓練，內容是做各種地形低空夜航飛行練習，夜航時用的是「最低安全高度（minimum safety altitude；MSA）」，所謂最低安全高度，很難說是幾百呎或幾千呎，要視地形而定，總是在地形容許的情形下，貼著地面上上下下飛行。通常訓練時是從新竹起飛後，沿著公路到三義，貼著地面飛行到台南再折返，到銅鑼之後再轉後龍出海回新竹。

到了4月底，我的P2V飛行總時數為28小時50分。

知更鳥任務

P2V的低空訓練結束後，我在民國53年5月26日首次出「知更鳥任務（Robin Mission）」，同機的飛行員還有李邦訓及葛光遼，任務機是P2V-7U，機號0540，任務代號為R-400，任務飛行時間9小時40分，其中夜間飛行時間為6小時40分。接著6月及7月都是訓練，到8月則是分別在11、13及25日執行知更鳥任務。到了8月底，我的P2V飛行總時數已達126小時45分。

我們每次執行任務都有一個代號，其中R就是代表知更鳥，至於後面接的數字不見得按順序或連續，例如我第一次的任務代號是R-400，民國54年2月8日的任務代號則是R-302，在2月19日那次任務的代號則是R-305。我除了P2V的訓練及作戰任務外，有時也飛B-26及C-47等其他飛機，到了民國54年7月我晉升少校時，我的P2V飛行總時數為342小時30分，B-26的飛行總時數為3小時，C-47飛行總時數為1小時5分，總飛行時數為3,484小時50分。

知更鳥任務主要是做大陸近海偵巡，通常是在離海岸線40至60浬的低空蒐集電子情報，偵測大陸電台的位置、發射強度、使用頻率、脈波特性，聯繫指揮的有那些機場，飛得最近時離大陸海岸線只有20浬，因我們聽得到大陸戰機的通話，一聽到他們有飛機要起飛，就飛遠一點到60浬外。

知更鳥任務也是在夜間執行，經常執行的有兩條路線，一是向北，從新竹起飛到山東半島渤海灣口一帶折返；一是向南，飛到海南島再回新竹，無論向北或向南，一趟都是最少飛八個小時。這兩條路線我都飛過，通常是出任務的前一天才會被通知，就住進營區，要花一整天的時間做計畫、對地圖，然後夜間執行任務，直到執行完畢才能回家。任務絕對保密，回家後對任務一個字也不能提。每次出任務之前就告訴芝靜今晚有夜航，回來會晚一點，每次出任務之後，就告訴芝靜因為前一晚隊上有事或有應酬，才會這麼晚回家，我的說詞有時會被芝靜接受，有時則否。

記得有一次我告訴芝靜晚上隊上有應酬，我會晚一點回來，要她早一點睡，不要等我，那時芝靜腹中正懷著老大，誰知她就大著肚子在家等我，一夜沒睡，我清晨回家芝靜對我大發脾氣，那時，我見芝靜對我發脾氣，我也感到滿腹委屈，因為剛出任務回來，疲累不堪的我，回到家中需要的是芝靜的歡喜迎接、溫柔對待。見到芝靜的臭臉，也不禁怒從中來，正也想要發脾氣，但看到芝靜坐在床邊，挺著快要臨盆的大肚皮，歉疚的感覺取代了我的怒氣，我就也坐到床邊，低聲下氣的向她道歉，還說下次一定會早早回來，但真正遲歸的原因卻隻字不提。

所幸早期在我執行「知更鳥任務」時，中共空軍的夜戰能力不夠，很多飛機本身沒有夜航設備，也缺乏返航的電子裝備，所以他們的飛機只在沿海監看，不常出海，只要我們低空飛行時不要因太貼近海平面而墜海，遭受敵機攻擊的可能性不高，大大的降低了我們A分隊出任務的危險。

P2V型飛機遭擊落

除了「知更鳥任務」之外，飛進大陸領空的任務則是稱為「老鷹任務」。民國53年6月10日，孫以晨隊長率領十四位機組員，駕駛一架P2V型飛機進入山東境內偵測，遭米格15擊落。雖然後來公開報導是那次任務是因中共海軍用「照明攻擊法」，就是中共所謂的「夜間照明戰法」擊落，亦即由中共海軍用轟5型戰機在敵前上方投擲照明彈，然後由後方的米格15以目視發動攻擊，使我方P2V無所遁形，才遭米格15擊落，但事後黑蝙蝠中隊檢討研判的結論，那一架飛機遭擊落的主因是被中共的Tu-4逼到山裡出不來了，米格15才有機會擊落P2V。

中共空軍的Tu-4是四個引擎的轟炸機，速度比P2V的時速170浬快了20浬，雖然P2V的兩個噴射引擎全開可以到時速240浬，但是出任務時不能開噴射引擎，因為噴射引擎一開，尾管就好像點了兩個大燈籠，會暴露位置。Tu-4用的是戰管雷達CRC[47]

---

47 CRC是Control Report Center的簡稱；是一種具有管制、報告、下令待命戰鬥機升空作戰功能的防空雷達站。

引導，那時我們對這種雷達沒辦法干擾，中共空軍就是先利用這種地面戰管雷達CRC帶領Tu-4接近目標後，Tu-4再用機槍攻擊P2V，而P2V上沒有一點武裝，速度又比Tu-4慢，自然比較吃虧。

改飛P-3A型飛機

赴美國接受P-3A飛行訓練

因為P2V型飛機的性能已遜於中共的飛機，黑蝙蝠中隊就準備換P-3A，計畫名稱為「金鳥計畫」。前面提過，我是在民國54年7月11日（星期日）升了少校，到了9月，我們隊上就指派副隊長孫培震、劉鴻翌、庾傳文、王國璋、劉景熙及我六個人到美國受訓飛P-3A。我記得我們是在9月5日（星期日）上午先由總司令召見，下午再搭乘日航Convair CV-880飛大阪轉東京，換乘泛美波音707飛舊金山，再乘聯合航空DC-8飛華府，抵達時已經是6日凌晨近6時，中情局派車接我們到馬利蘭州的Patuxent River海軍航空基地去受訓兩個月，美國海軍資深飛行教官Jim Winn也跟隨我們前往，因他對我們開始飛P2V的訓練情行都十分了解，因此仍舊負責整個訓練規劃，協助我們訓練的是美國海軍第30巡邏中隊（VP-30），10月29日（星期五）結束訓練，這段期間我們趁假日到馬利蘭州的Baltimore市及美國首都華盛頓觀光。訓練期間，我擔任正駕駛的飛行時數是36小時20分，副駕駛的時數是44小時30分。

我們於11月7日踏上歸途，當晚自首都華盛頓搭乘西北航空班機經皮茲堡、克里夫蘭抵芝加哥，次日凌晨再換乘西北航空Boeing 320B自芝加哥飛西雅圖，再由西雅圖飛東京，然後從東京飛那霸，於11月9日（星期二）中午回到台灣。

解除深入大陸的偵測任務

我們回到新竹後，P-3A尚未抵達，所以我們仍然飛了一陣P2V。後來兩架P-3A先後由美軍飛到新竹交給黑蝙蝠中隊，我到民國55年7月7日才第一次在台灣飛P-3A，那天共飛了4小時10分，在新竹本場起落，練習了10次著陸飛行。接下來一直到民國56年1月，我大都是飛訓練任務，只有在民國55年10月13日出過一次「知更鳥任務」。

P-3A一直沒有深入中國大陸出任務，因為原來的P2V只有一種反制裝備干擾米格機的射控雷達及一種對薩姆二型（SA-2）飛彈的干擾系統，在裝備上已無法取勝中共武力，現在的P-3A雖然增加了對中共戰管雷達CRC的干擾，但這種裝備的干擾器有問題，一直無法修復，所以就無法出大陸內陸任務。因為中共的裝備改善的速度已超過我們的配備，黑夜攔截我機的技術也有進步，黑蝙蝠中隊對大陸偵測損失越來越慘重，所以台灣就不願再將優秀的黑蝙蝠隊員再送到中國大陸做無謂的犧牲，民國56年技術情報研究組宣布解除深入大陸的偵測任務。

到民國56年1月19日，我結束P-3A的訓練飛行時，P-3A共飛了212小時35分，P2V共飛了351小時45分，C-47共飛了5小時。

港介於峴港與金蘭灣之間，因為很像中美洲加勒比海的風光，所以駐紮在金蘭灣的美軍，就有不少人選擇芽莊作為休假地點。現在的芽莊，已發展成富慶省省會、越南最大的漁港，也是越南著名的海濱度假勝地，但越戰期間作為黑蝙蝠中隊基地的時候，還僅僅是個民風純樸、設備簡陋的小漁港。

我們出任務的方式是白天作業、夜間執行，一架C-123組員的編制是正、副駕駛各一名、兩名領航官、一名通信官、一名電子官、兩名機械官及兩名空投士官。通常我們是從芽莊起飛，先到泰國北部的美軍基地載運空投補給品，然後飛到北越的奠邊府、河內或海防西北山區給美軍特戰部隊的前進基地運送物資，好在當時北越還沒有空中攔截機，但地面高射砲火力卻是相當強。我們也在南越的特戰部隊前進基地運送補給品，這些基地多在胡志明小徑的旁邊，都是很荒涼的地方，有很多基地就只是一條泥土跑道，沒有塔台，只有在快到目的地時，有直升機起飛指示從那裡降落，有時連直升機都沒有，但美軍對象關資料的提供卻是很充分，每個月會提供每個機場的照相圖，只要拿著圖對照地形，就可以安全降落。

我們的飛行是以目視飛行為主，飛低空時距離地面高度大約是200呎至500呎，以躲避越共的雷達；還有有一點要注意就是，在快接近基地時，必須從遠處就看清楚基地掛的是甚麼旗子，因為戰場變化很快，說不定前一天還是美軍基地，第二天就變成越共的基地，一不小心不是挨砲擊就被俘虜。我們做完任務後，會先到美軍峴港機場加油，再飛返芽莊基地，執行任務的每次飛行時間約為六至八小時。

我們在越南沒有任何身分，穿的是便服，沒有護照、沒有身分證明，萬一被俘擄也不懂越南話，那真是不知道要怎麼辦了，好在越南的任務，陣亡的有，俘擄的事倒是未曾發生。只是有一次，隊友李金鉞飛了一架C-123，到北越空投情報人員，也給游擊隊空投補給品，誰知游擊隊已經叛變，但是越共並未宣布，我們的飛機剛空投結束，就遭地面砲火猛烈攻擊，又遭北越空軍的T-28教練機攔截，飛機損毀得很厲害，飛行官李金鉞及領航官何世光兩人受了傷，勉強飛到泰國邊境的小機場落地，因為沒有任何身分證明，講也講不清楚，人員經過治療、包紮後就被看管起來，後來還是告訴美軍和芽莊的某個單位聯絡，知道是自己人才解除了窘境，這些人員要是落入越共之手就真的不堪設想了。

新竹及越南往返執行任務

我們執行任務的情形大致是新竹、越南各輪流居住一個月多月，我自己執行任務的期間是56年8月18日（星期五）赴越南，同年10月14日（星期六）回新竹；回新竹基地後分別於10月24日及11月3日接受U-11（是PA 23飛機的軍用型號）飛行訓練4小時30分及2小時10分。民國56年12月1日（星期五）赴越南，57年1月27日（星期六）回新竹；民國57年3月30日（星期六）赴越南，同年5月27日（星期一）回新竹。第三次出任務後，6月14日我通過考核，晉升C-123型飛機的正駕駛，升正駕駛是要通過美國教官的上飛機測驗，簽字認可後才能擔任的。接著，民國57年6月18日（星期二）又第四次赴越南，同年8月9日（星期五）再回新竹。此時我C-123的飛行時數已累積為484小時25分，飛行總時數累積為4,204小時25分。

還可附帶一提的是，只要有美軍基地的地方，美軍倉庫的物資沒有不失竊的，我在芽莊基地偶爾上街走走，街道兩旁堆滿了越南人從美軍倉庫竊取的物資，像汗衫、內衣褲、皮鞋、飛行靴、牙刷、牙膏、刮鬍膏、床單、枕頭、枕頭套、巧克力、還有其他美製糖果，吃的、穿的、用的，真是應有盡有，都是挖地道從美軍倉庫內搬出的，不僅是北越人會挖地道，南越人也一樣會挖，美軍真是防不勝防，我出差從越南帶回去給孩子的糖果及一些家用物品，都是從這些地攤買回去的。其實，這些從美軍倉庫流出的物資並非都是越南人偷的，美軍的軍紀差，流出市場的物資，也有不少是美軍自己及PX（見第七章）人員偷出在市場販售，美國在越戰期間，光在物資上的損失就難以計數。

暫時停止「南星三號」任務

經過民國56年8月至57年8月這四趟往返越南與新竹之後，我暫時停止「南星三號」的任務，因為到了57年9月底，我就奉命執行「奇龍計畫」，被派往美國受訓了。

1 | 3
2 |

1：黃文騄赴美受訓時在寢室留影。

2：徐煥昇總司令親自頒發二等宣威獎章予剛從美國受完P-3A巡邏機訓練回國的黃文騄，攝於民國54年11月26日

3：民國57年9月底黃文騄赴美受訓時於舊金山。

1964 DATE	AIRCRAFT FLOWN MAKE OF AIRCRAFT	CERTIFICATE NUMBER	FROM	TO	AIRCRAFT CLASSIFICATION TYPE	CLASS	H. P.	INSTRUMENT ACTUAL	HOOD
27/3 53.	P2V-7	5080	PO	PO					
30/3 53.	P2V-7	5080	PO	PO					
31/3 53.	P2V-7	5080	PO WS	PO				1:30	
2/4 53.	P2V-7	5080	PO	PO					
3/4 53.	P2V-7	5080	PO	PO					
7/4 53.	P2V-7	5080	PO	PO					
13/4 53.	P2V-7	5080	PO	PO				0:30	
17/4 53.	P2V-7	5080	PO	PO					
20/4 53.	P2V-5	6021	PO	PO					
21/4 53.	P2V-5	6021	PO	PO					
22/4 53.	P2V-5	6021	PO	PO					
28/4 53.	P2V-5	6021	PO	PO				0:35	
I HEREBY CERTIFY THAT THE FOREGOING ENTRIES ARE TRUE AND CORRECT.					PAGE TOTAL			2:35	
					AMT. FORWARD				
PILOT SIGNATURE					TOTAL TO DATE				

INSTRUCTION	DAY	NIGHT	DUAL	SOLO	NO. OF LDGS.	REMARKS
	1 50		0 55		1	cp 0:55 朱震 FAM.
	2 15		1 05		1	cp 1:10 朱震 FAM
	1 30				2	cp 1:30 朱震 FERRY.
	2 15		1 10		1	cp 1:05 朱震 FAM.
	2 30		1 15		2	cp 1:15 朱震 FAM.
	2 35		1 15		3	cp 1:20 朱震 FAM.
	2 20		1 10		3	cp 1:10 朱震 FAM GCA ×1.
	2 00		1 00		1	cp 1:00 朱震 FAM.
	1 45		0 50		3	cp 0:55 朱震 FAM
	2 10		1 05		4	cp 1:05 朱震 FAM
	1 20					cp 1:20 McHALE FAM.
	2 10		1 05		2	cp 1:10 朱震 INSTRUMENT TACAN ×1
						3162:55

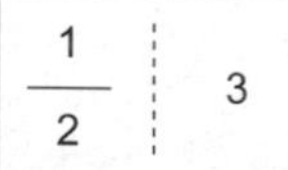

1、2：民國53年剛進第34中隊時的飛行紀錄本。一開始是由朱震教官帶飛P2V-7 5080號機，4月20日起改飛P2V-5 6021號機，起降地點都是新竹（代號PO）。

3：後期的P2V-7U，在機尾上方新增一個鼓起的天線罩，機翼輔助噴射發動機外側加掛原子塵探測莢艙，機腹底下的大型雷達天線罩亦移除。

1	3	4
2	5	6

1：與美國海軍P-3A巡邏機教官合影。

2：雙方人員在美軍基地的P-3A巡邏機前合影。

3：在美國接受P-3A巡邏機地面課程訓練。

4：領隊孫培震副隊長自美國中情局代表手中接受P-3A巡邏機模型。

5：領隊孫培震副隊長代表接受美國海軍官員致贈的紀念品。桌子前方為美國海軍第30巡邏中隊（VP-30）的隊徽。

6：領隊孫培震副隊長接受美國海軍第30巡邏中隊官員頒發結業證明文件。

PATROL SQUADRON THIRTY

406

C A N A D A

LOCKHEED

1 / 2 / 3	4

1：黃文騄在美軍基地內留影。

2：黃文騄在美軍基地與美籍軍官合影。

3：黃文騄駕駛的P-3A巡邏機在加州Burbank機場滑行，遠方是洛克希德（Lockheed）公司的廠棚。

4：洛克希德公司的停機坪上停放著美國海軍的P-3A巡邏機。

1：民國55年黃文騄赴美換裝P-3A時，曾經飛到加州Burbank機場，P-3A的原始製造廠洛克希德公司就是位在這個機場，遠處棚廠上方可以見到公司名稱字樣。

2：P-3A和C-130雖然都是裝配T56系列的發動機，但P-3的發動機是以上下顛倒的方式裝在機翼上。

3：民國55年3月，黃文騄駕著P-3A飛行在美國上空。

李芝靜：前三個家的家庭生活（1963－1968）

屏東的第一及第二個個家

住在第一個家的生活

民國52年7月11日（星期四）蜜月旅行後，我又再次來到屏東，但這次和以前不一樣了，以前是來作客，住在文騄朋友家，這次是來定居，住在我們自己家；以前是短期遊玩，每天由文騄陪著，到處吃喝玩樂，其他事都不用管，這次來是為了長期工作及生活，成了自己家的女主人，舉凡買菜、煮飯、洗衣、打掃樣樣都得自己來。

我們的第一個家在屏東市勝利路機場附近，房子是結婚前我們先租好的，家中擺設十分簡陋，一間長方形的房間，中間以白床單當成布簾隔開，布簾前面擺了一張飯桌兼書桌及兩張藤椅，布簾後只有一張床，房間後面還有一間獨立的小廚房，那時家家燒煤球或煤油，燃燒有煙有氣味，廚房是無法和房間併在一起的。

新居外面就是市場，買菜、吃早餐都很方便，早餐通常就在市場買，我的午餐是自己做、自己吃。文騄午餐通常是在隊上空勤餐廳吃，為了維持空勤體格，空勤人員有伙食經貼，規定他們一定要在隊上吃。晚上除非文騄出差，我們會自己做晚餐，他的廚藝比我好。有時在外面吃，吃完晚餐，順便拜訪文騄的朋友、同學或看一場電影，到了周末，我們偶爾也會坐火車到高雄逛大新百貨公司，生活快樂又自在。

婚前我也先安排好了工作，文騄朋友李修能先生介紹我們認識了任教於屏東女中的英文老師黃蘇來－文騄一位長官的夫人，她將我推薦給屏東女中的任本仁人事主任，任主任又將我推薦給劉快治校長，等我婚後遷到屏東，面見了劉校長，九月就開始在屏東女中教國文。因該校只有國文老師的缺，黃老師要我先占住缺，以後再設法轉成英文老師，就這樣，我成了屏東女中兩班初中一年級學生的國文老師，未兼導師。我的學生很守規矩，學習也認真，倒是我自己，國學基礎不深，還要用毛筆改作文、書法，真是慚愧，我就這樣誤人子弟一年，直到文騄調職新竹才辭去屏女教職。

文騄為我訂購了一輛漂亮、好騎的腳踏車，我就騎著新車到離家不算遠的仁愛路屏東女中去上班，他自己也是騎車上班，騎一下就到機場。那時我看到好多女生撐傘騎車以防曬黑，覺得好新鮮，我也很怕屏東的驕陽，但卻不敢學她們。可惜新車騎了沒多久，有一次停在郵局門口忘了上鎖，還沒走多遠，就想起來轉頭回去要鎖車，卻目送偷車賊騎在我的愛車上迅速逃跑，我追不上，也沒人見義勇為攔住他，只好又去買了一輛爛車。

住在第二個家的生活

我們甜甜蜜蜜的過了半年，到了年底，因文騄同事廖哲傑調職，位於大武營的眷舍一時尚未頂讓，就借給我們暫住，我們先在農曆新年前將家當搬入，等回台北，過了農曆新年，就在民國53年2月22日（星期六），搬到大武營眷區，這是我們的第二個家。這是位於大武營崇蘭里眷村的甲種眷舍，空勤人員不分階級都可申請居住，本有兩房、一廳一衛，屋主又加蓋了一間臥室，並修改過浴室及廚房，房子相當好，還有前後院，住起來很舒服。

過農曆新年前，我照例和文騄回台北過年，但我在台北待的時間不長，因2月13日才過農曆新年，過了年屏女就開學了。待在台北時，我都住在關渡自強新村婆婆家，除了到板橋大庭新村向父母拜年，也和文騄的朋友及我大學好友廖夏江見面，另外兩個好友張令嫻及王彬彬都已到美國留學了。我結婚後，三妹芝德經父執輩介紹和朱鍾奇先生認識，三個月後他們就結婚了。四妹芝定也選擇了長他幾屆的學長吳天堯先生繼芝德之後結了婚，天堯還是父親的小同鄉浙江東陽人。等板橋大庭新村二樓蓋好了，真正搬過去的只有父母及芝燕、觀德。

其實文騄在農曆新年前就接到調職令到新竹黑蝙蝠中隊去上班了，農曆新年後，文騄留在新竹，我回屏東大武營眷區履行屏女一年聘書的約定。李修能先生也因調職台北而舉家搬遷，但李先生二兒子永年初中還差一學期就畢業，所以沒轉學，就搬過來跟我住，正好和我作伴，到了週末，文騄才會回屏東陪我。

住在屏東的後半年，因少了文騄作伴，生活自然單調多了，好在住在眷村，每一家都是文騄的同事、同學，下了班和他們聊幾句，時間久了，也就漸漸熟悉了。眷村的太太們對我很照顧，知道我不擅炊事，也常送給我她們做好的菜餚，或邀我及李家小弟到她們家一起用餐，讓我享受了濃厚的眷村人情味。

有一位文騄的同學李英東也住在崇蘭里眷村，而且離我暫住的眷舍只相隔數戶，所以見面的機會很多。因他和我同姓，只要一見到我都要我叫他「大哥」，有時還攔住我說：「叫大哥！不叫大哥不許過去！」有一次我下班後，在戶外和太太們聊天，彈簧鎖的大門被風吹得碰一聲鎖上了，又是李英東爬過圍牆幫我開門，他的夫人也很熱情，我和永年到他家用餐的次數也最多，所以我和他們夫婦特別談得來。民國53年7月初學期結束，我一面打包準備搬到新竹，一面仍到學校履行聘約的義務，例如開會、上暑假的課等，因屏東女中的聘約是到七月底。誰知7月28日，我從學校回來，直覺到眷村氣氛不對，歡笑聲沒有了，人人表情嚴肅，向隔壁太太打聽，才知道前一晚十大隊101中隊的C-46型機進行三機編隊夜航訓練，回程時不幸飛偏了，在機場旁枋寮撞山，從長機到僚機無一倖免，李英東也是其中之一，我聽了就哭了，在別的太太陪同下去安慰李夫人，平日健談開朗的李夫人，已哭的雙眼紅腫，我除了陪著哭，實在不知說甚麼。

週末文騄回來幫我搬家，我告訴他這件事，誰知他竟輕描淡寫的說，這種事他看多了，從官校開始，他就遇到同學摔飛機喪命的事，在十大隊已發生過好幾起，因出事者有不少是他同學或同事，失事或撞山後的遺體需要熟人去辨認，他多次被派去認屍，對著腦漿併裂、支離破碎的身體，處理遺體的軍士官兵因慘狀及異味不敢收屍，文騄及他同事往往要做示範動作，率先用手將腦漿捧入腦殼內，再放入屍袋，收屍的軍士官兵才會繼續做，然後他們再到別處去嘔吐。

這件事之後我才意識到飛行員不是只具有良好體格，經過嚴格訓練及淘汰，才能穿著畢挺的、佩著飛鷹胸章的藏藍色軍服或橘紅色飛行衣外加一件帥氣的飛行夾克而已，原來他們的工作就連沒有作戰也這麼危險。那時我同意文騄調入黑蝙蝠中隊，只因新竹離台北近，我回台北或父母弟妹來找我都比屏東方便，但並不知原來黑蝙蝠中隊的工作更危險。

新竹的第三個家

遷入第三個家

等我在屏東女中教完了第二學期，就辭去任教一年的教職，在8月2日（星期日）搬到新竹市樹林頭黑蝙蝠中隊的第三村空勤人員眷舍，這是新建好的兩房、一廳一衛的平房，有前後院，前後院各家已用竹籬笆圍好，不須等待就能遷入。我們住的武陵東路（後來改武陵東二路）這一排共有七戶，依序為呂德琪隊長、飛行官劉鴻翌、領航官李國瑞、我們、領航官朱康壽、電子反制官杜志龍、機械官歐居斌。大門前有一條大水溝，路雖然寬，但我們這幾戶都喜歡從後門進出，因後門離武陵路及東大路都近一點，出門比較方便的緣故。這就是我們婚後的第三個家，感覺上屏東的兩個家僅僅是暫住，這才是我們真正的家。在這個家我們養兒育女，從兩口繁衍成六口，其中有辛苦有甘甜、有眼淚有歡笑，是個充滿著我們一家六口共同回憶的家。

等我們搬到新竹後，因我已懷了老大，妊娠期間會嘔吐，所以就沒有再工作，專心在家待產。我對於成了家庭主婦並不習慣，妊娠早期會嘔吐，躺在床上休息覺得還好，但懷孕四、五個月之後不再嘔吐，就感到生活太單調了，家裡沒有買電視，我往往獨自看看書報、聽聽廣播、玩玩拼圖（當時台灣這種遊戲不多，多為進口，翻譯成「巧構」）、翻翻芝安的香港電懋電影公司贈閱的雜誌，偶爾也和鄰居的太太們聊聊天，例如劉鴻翌的夫人吳倩珠、李國瑞的夫人趙巧雲、朱康壽的夫人趙慧漢、杜志龍的夫人趙瑛、歐居斌的夫人歐大嫂，她們都對我很好，而且也會傳遞給我一些生產及育兒經驗，但我最想談心的文騄卻總是早出晚歸，應酬又多，每天等他回來成了生活中最期盼的事。

民國54年1月10日（星期日），文騄陪我在西大路林婦產科及邱助產士處做了產前檢查後，就決定在林婦產科生產。為了配合文騄的值日，在1月31日才到台北過年。下午先到板橋看望父母，芝燕、觀德也在，晚上再到關渡婆婆家，2月1日是農曆除夕，我借了眷村鄰居的縫紉機趕緊為自己逢了一件大肚裝，因原來的已穿不下了，再過一天還要外出拜年呢！果然，那年的初一好熱鬧，我不但到袁樸乾爹家，也到文騄朋友家，還到二妹芝慮家向她公婆拜年，此時妹夫一帆已先到美國讀研究所，芝慮也生了二女兒。下午又和芝慮及她公婆一起到板橋大庭新村父母家拜年，在家裡還見到了四妹芝定，抱著她出生才兩個多月的獨子大舜，現在大舜也定居美國洛杉磯，芝定則是台灣、美國兩地跑，當時只覺婚後分開的姊妹團聚真開心，但還無法體會這樣的重聚一堂是何等的難得而且值得珍惜。

大年初三文騄就回新竹上班，2月7日（星期日）文騄又特別從新竹來關渡接我回新竹。回新竹以後，除了再添購一張嬰兒床及一些嬰兒用品，就是經常做些打掃、擦地等家事，有時步行到樹林頭買菜，目的就是要多動動，只要文騄沒事，傍晚下班回來我們就會到外面散步，有時會去看場電影，有時也下幾盤棋。到了二月底，經過眷村太太介紹，我們將生產完坐月子的人也請好了。到了三月中，又收到芝安從香港寄來的嬰兒毛毯等用品。

生了老大

我的預產期是3月23日，22日婆婆從關渡來了，看我還沒要生的跡象，23日又回去了，回去後不放心，25日又來了。到了27日，我腹痛加劇，下午坐隊上車到林婦產科，28日（星期日）凌晨我們的大女兒出生了，重七磅多，我們將她命名「竹珮」，但叫她珮珮，這樣的命名，乃是紀念我們第一個愛的結晶是在新竹出生的。生產時婆婆及文騄一直陪著我，給我很大的安慰與勇氣。

我在醫院住了三天後，文騄接我和珮珮回家，妹妹們及眷村太太們都來問候，無法來的，例如芝安，也寄了賀卡，連在省政府社會處上班的母親也利用外出調查之便來看我，家裡每天都好熱鬧，但也真的很累。更累人的是珮珮日夜顛倒，也許是我的奶水不足，她一下就餓了，總是不停哭鬧。文騄要飛行訓練，剛好又須接受空勤體檢，這對他是否可以繼續飛行頗有影響，所以我要他晚上到隊上宿舍（隊員及眷屬都稱它為「新房子」）去睡。好在我適應為人母期間，有婆婆及我們請的幫傭余嫂協助，使我可以度過這一段辛苦時間，也體會當媽媽的辛勞。

婆婆在我們家住了幾天就回去了，兩個月後，余嫂也離開了，我每天帶著珮珮，母奶、牛奶輪流餵，院子裡掛滿了舊床單、舊衣服裁成的尿布，下雨天還得在房內烘乾，我請教別的太太或照著書添加副食品，珮珮有時便秘，有時腹瀉，偶爾還是要跑小兒科診所。

五月初，文騄開始接受英語訓練，為赴美國受訓做準備，英語訓練時間是每天下午及星期一、三的晚上，這也意味我要一個人擔起育兒責任的時間更長了。文騄也知道我睡眠不夠，常在清晨，珮珮醒了我還想睡，他就推著娃娃車在前門外走來走去，直到要上班了才帶珮珮進來交給我。

端午節（5月4日；星期五）到了，文騄買了十個粽子，但我一個也沒吃，因我發燒了，全身痠痛，體溫38.7度，上午帶著口罩給珮珮換尿布，餵牛奶，到了下午實在起不來，照顧珮珮的事只好交給文騄。第二天文騄的小妹文芊來了，婆婆以為我們會到關渡自強新村過節，我們沒去，她就讓文芊帶粽子來看我們，她來的真是太好了，下午我才能把珮珮交給文芊到中心診所去看病，體溫比昨天還高。我真的很感激我的大姑及小姑－文芬及文芊，尤其文芊，因沒有上班，性情又好，常常在我育兒手足無措時給我幫助，讓我度過難關。

七月初，文騄的同學及好友周有壬以中華航空名義在越南飛

C-123，不幸摔了飛機。因文騄的關係，我和周友壬的夫人毛鎂也很熟，聽了也很為她難過，文騄7月9日（星期五）下午請假去屏東安慰毛鎂，等不及12日搭軍機回新竹，11日又坐火車回來了，我知道他是為了我，怕我獨自帶孩子累，他就是這樣顧家的人。還有，文騄升少校了，12日可以掛少校軍階，但生效日是民國54年初。

因文騄九月初就要到美國受訓，所以先安排我及珮珮在8月25日（星期四）到關渡婆婆家住，請婆婆及小姑們照顧我們，他自己再回新竹上班。到了9月3日文騄再度來到關渡，9月5日（星期日）上午先到空軍總部報到，下午搭乘日航班機飛東京再轉赴美國，我和李修能先生一家都到松山機場送行，在機場還遇見了痶傳文，他的夫人吳玉翠也從新竹來送他。文騄出國這段時間我們有信件往返，但信都要十來天才收到，簡直不像航空信，其中一封信說他和隊友到洛杉磯及狄斯尼樂園去玩，讓我羨慕的不得了。兩個月後，11月9日（星期二）文騄回到台北，他可以休十天假，見到他我好開心。因為文騄回來後就很忙，直到12月11日（星期六）才有空接我們回新竹，到了12月27日（星期一）文騄獲國防部頒授忠勤勛章，到了年底，我確定自己又懷孕了。

生了老二

本來從婆婆家回來後，請了何嫂來幫忙，但到了三月底，何嫂不來了，好在這次懷老二偶有噁心，但很少嘔吐，所以就自己帶珮珮。珮珮一周歲時，我們買了蛋糕，珮珮吃了不少，文駼將在美國買的一周歲生日卡送給珮珮，差一點被她撕掉。吳倩珠還送了珮珮一個學步公雞車，推著走時三隻公雞就會輪流啄米。

到了民國55年後半年，珮珮已走得很穩了，就想到外面去玩，所以不愛聊天的我，也常常帶著孩子到別人家串門子，我常去朱康壽家、庾傳文家，他們的夫人都沒上班，而且孩子年齡都與珮珮相仿，孩子們有伴，玩得好開心；大人們生活背景相似，也聊得好高興，久之，與他們的夫人趙慧漢、吳玉翠也都成了好朋友。還有劉鴻翌的夫人吳倩珠雖然年長我們幾歲，但為人熱情，又和我及趙慧漢的住家在同一排，也成了我們常常造訪的對象，當然也成了好朋友。在這個空勤眷村中，先生及夫人們不拘性別均以姓名互稱；先生們更因在官校及調職前就認識，索興彼此叫綽號，根本就無空勤類別、期別、階級之分，這種袍澤及夫人間的情誼，尤其在眷村中，是何等濃郁！

除了和眷村中太太們聊天，偶爾也會出席隊上東大路黑蝙蝠中隊宿舍（新房子）的晚會，但因孩子小，多半只能讓文駼自己去。文駼回家早時，我們也會帶著珮珮散步到新房子，有時也在那裡自費吃晚餐。有時文駼也和隊友一起請洋教官吃飯，那年七月中旬，我在新房子見過面的McHale教官要回國了，文駼、劉鴻翌和其他隊友還為他餞行而且到松山機場送他。

我的消遣仍以偶爾看電影、小說為主；電視開播一年多了，只有台視、中視、華視三台黑白節目，家中也新買了電視，但因孩子小，我看得不多。有時週末也和文駼帶著珮珮到關渡自強新村，婆婆可以抱抱孫女，我也可以休息幾天。

父母及芝燕周末都來過我家，他們來時，我們會帶著珮珮一起到動物園或青草湖去玩，在外面用餐，有時也在家包水餃招待家人；我跟婆婆學會擀餃子皮，文駼包水餃，芝燕幫我帶珮珮，大夥圍在一起聊天，也享受這難得的三代同堂之樂。觀德那時就讀恆毅高中，平時住校，週末常來找我，他來了，我會陪他看場電影，也會多炒一兩樣他愛吃的菜，讓他感覺家的溫馨，有時，我還教教他功課，他會住到星期天晚上才回學校。七月中，芝慮也帶乃華、乃蕙來過，觀德也陪她們一起來，我加菜款待他們，還做了冰淇淋（也是在北一女家事課學的），讓觀德拿到冰店去打，乃華、乃蕙及珮珮都愛吃。芝慮來過一年後，二妹夫一帆取得學位，找好工作，就接她們母女三人赴美，後來在明尼蘇達定居，又生了兒子乃中。

離預產期還有三個月時，我的體型已逐漸笨重，我們又新請了一位吳嫂來幫忙。民國55年8月13日（星期六）下午，我們兒子黃可俠在新竹空軍基地醫院出生了，比預產期提早，生產過程比第一胎順利多了，我們叫他侃侃，因原本以必侃命名，在兩、三歲後才改名可俠的。文駼以限時專送告訴婆婆「喜獲麟兒」，婆婆第三天就趕來了，他抱到孫子自然更高興。

侃侃出生的前半年健康大致還好，家事交給吳嫂，我還是照舊帶著珮珮、抱著侃侃去別人家串門子，有時在自家前院玩玩、曬曬太陽，有一次我把侃侃放在大床上去做點事，等過來一看，珮珮也上了大床，正拿著巧克力在餵侃侃，侃侃一臉一頭都是糖漿，正張著小嘴在開心的舔呢！以後我就更加小心了，不是把侃侃放在嬰兒床，就是盯緊珮珮。

軍醫給他注射維他命B6及C的複合劑，雖然暫時有效，不久又復發，婆婆帶他到北投去看中醫，中醫給他服用價格相當昂貴的珍珠粉才漸漸痊癒。

到了5月11日（星期四），我看報紙登了一則新聞：一架C-123在竹北失事，機員一死四傷（後來得到的正確資訊是二死、一重傷、一輕傷、一人平安無事），我好擔心，想到文騄有一陣子沒來關渡了，不禁胡思亂想起來，關渡沒有電話，第二天收到文騄的限時信，說他是膝關節發炎不能來關渡，我不信，我從來沒聽過他有關節炎，稍感安慰的是，若那架出事的C-123是他飛的，他能寫信，至少命是保住了，但報載有四人受傷，萬一其中一人是文騄怎麼辦。忍耐到星期天，一早把侃侃交給婆婆，帶著珮珮回新竹，才知他因自己炒菜打翻了熱油，左大腿燙傷了一大塊，航醫要他在新竹空軍基地醫院住院治療。我知道了實情，覺得自己沒盡到妻子該盡的責任，真是慚愧，我豈可貪圖自己舒服留在關渡！我當時就決定要帶孩子回新竹，不要留在關渡了。五月底，文騄腿傷好了，家裡也請人重新油漆、清掃過，文騄來關渡接我們，6月2日我們帶珮珮、侃侃坐隊上車一起回新竹。回家後唯一不開心的是珮珮，一直嚷著說：「要去婆婆家！」

另一架C-123失事的傷感

回新竹後生活恢復了原樣，文騄上班，我帶孩子在屋外玩耍或去別人家串門子；文騄下班，我們帶孩子到新房子吃飯，和也在那裡的隊友聊天，孩子們就一起玩；週末我們帶孩子到動物園看猴子、老虎。侃侃學會了爬行，因他可以坐在家裡擦過的磨石地上自由活動，這是在關渡沒機會的。漸漸的，夏天到了，珮珮學會騎三輪小腳踏車，後座載著只穿一件小背心的弟弟在後院外路上玩；但姊弟情深的樣子沒維持多久，回到家兩個人又開始搶玩具了。侃侃因為可以在家裡到處爬，一不留神，就讓他打翻了放在浴室給珮珮尿尿的痰盂，或打破了放在廚房地上的泡牛奶的大玻璃杯、空熱水瓶，當然，以後會將危險家用品放在高處，也關上浴室門。隔了兩家的吳倩珠常在遇到我時問：「你家小侃是不是昨天（或下午、前天等）又闖禍了？」因她在家就聽到我大叫：「唉呀！」珮珮也不惶多讓，把奶粉撒了一桌一地，剛清乾淨，又把水倒在自己撒尿的痰盂裡，浴室一地都是尿水。

侃侃一歲時，珮珮抱著他一起吹熄了一根蛋糕上的小蠟燭，然後文騄告訴我他可能要出差到越南去了，他總是這樣，出國受訓、出差從不會先講，總是到了要出發了我才知道。我有點生氣，也有點無奈，誰叫我嫁給了軍人，他只要說：「這是機密！」我就無詞以對。

本來文騄要16日走的，但他說飛機壞了，改到18日（星期五）晚上才走。文騄走了沒幾天，24日早上，眷村中就傳出有一架C-123在南中國海失事了。我真是驚駭莫名，首先確定不是文騄在飛機上才放心，進而知道文騄同學邵傑及我們眷舍同一排的電子官杜志龍都在飛機上，但我們都不敢去安慰畢正琳（邵傑夫人）及趙瑛（杜志龍夫人），因怕她們都還不知道。

接續幾天，謠言滿天飛，有人聽說機組員都獲救，又有人說無人生還。8月27日，我聽到的可靠消息是飛機失蹤，無人生還，我才鼓起勇氣去看望畢正琳，我和她在屏東就認識，她和顧正秋、張正芬等國劇名伶都是戲劇學校同一期的，但她和邵傑結婚後就不再演出了。等我到了她家，準備好安慰的話一句都說不出口，因她說台北空軍總部的消息是邵傑已獲救了，正在某處等待接返。不知是誰編出這樣的話安慰畢正琳，我也只好說很高興有這麼好的結果。

至於趙瑛，因她的三個男孩都讀中、小學，我和她互動較少，去安慰她時，她也正抱著希望，我也不知說甚麼才好，只是夜深人靜時，常聽到她悲淒的、故意壓低音量的哭聲，也讓我一掬同情之淚。

這次C-123的失事，讓我感觸良多，我和文騄結婚四年已知的就有四次飛機失事，第一次還是三架飛機一起撞山，四次失事三架都是文騄同學，而我中學、大學同學全都好好的活著。飛行員是多麼危險的行業，而我竟然也成了擔心害怕的一份子！難怪眷村的夫人常去廟裡祈求平安，也有人邀過我，但因孩子太小，我沒空就婉拒了。人不能用努力得平安，人也不能用金錢買平安，夫人們到廟裡去尋求自我安慰是可以理解的。想來想去，我能做的只有儘量把握現在，照顧好孩子們，使文騄出差無後顧之憂，回家享受到家裡的快樂與溫馨。

第一次獨自育兒的日子

除了這架C-123事件，文騄不在家的日子我們用信件聯絡，信件交給輪流往返越南的同事帶去帶回，我們信都寫得很勤，每週至少有一封信，而且寫得很長，我的信當然談家中情形，文騄的信只談他的生活，完全不談工作。我就帶著兩個孩子平靜的過日子。侃侃晚上已可以較長時間睡眠了，我也睡得好一點，我每天都抽出一個小時讀英文，以免荒廢自己所學。

中秋節的前一天，9月17日，文芊來了，還帶了一隻雞，是婆婆要她來的，離開時把珮珮帶走了，因婆婆想珮珮，但我請文芊兩週後一定要把珮珮帶回來，因我也捨不得她。中秋節當天，我晚上抱著侃侃坐在前院看月亮，因我和文騄在信中約定，台灣時間晚上8至9點兩個人要一起看月亮彼此思念對方。

國慶那天，住我們那一排的吳倩珠、趙巧雲、趙慧漢都相約帶著自家讀國小、幼稚園的小朋友上街看遊行、到動物園去玩，因為珮珮才3歲，我也沒法陪她去，看她獨自呆望著窗外，就趁侃侃下午睡著了，帶珮珮上街看熱鬧，但遊行尚未開始，火速買了一面國旗及小玩具，用了一小時來回，回家看侃侃還在睡覺才放心。

文騄在10月14日（星期日）傍晚從越南回來了，比隊上通知我的日期早了幾天，珮珮高興的撲向她爸爸懷中，侃侃不因兩個月不見而怕生，立刻就張開雙臂要他抱。文騄利用出差後的休假，帶著我們搭乘隊上便車到關渡看婆婆，我也到板橋慶賀母親的生日，還帶著珮珮、侃侃到圓山動物園去玩，孩子們都玩得好開心。因為婆婆不讓珮珮走，所以22日文騄先回新竹上班，我帶孩子們又多住了一週，文騄週末來了，我們又帶姊弟倆到兒童樂園去玩，孩子們玩到欲罷不能，連還不會講話的侃侃也咿咿呀呀邊唱邊玩。

第二次獨自育兒的日子

一個半月後，文騄又在12月1日（星期五）下午五點多和我們母子女吻別出差去了。文騄不在的日子，我學會了修玩具、簡單電器用品，孩子病了，不論是其中一個或兩個生病，我就坐著三輪車帶兩個孩子一起到林崧小兒科，如果只有一個生病打了針，另一個會幸災樂禍的假惺惺安慰對方：「不哭！不哭！」

那年（民國56年）聖誕夜，隊上有交通車接眷村全家大小到新房子去玩，大人、孩童齊聚一堂，熱鬧得不得了，有點心、飲料、Bingo，一不留神，侃侃又塞了滿滿一嘴糖果。十點多交通車才又送大家回去，珮珮、侃侃都玩得好開心。我仍是儘量抽出時間每天都讀書，一週至少寫一封信給文騄，文騄的信也很頻繁，還會先將在越南買的糖果、日用品交給返台的隊友帶回。

民國57年1月16日，大妹夫王德江（文芬已結婚）是位陸軍中校，借了軍中吉普車，讓文芊接我及孩子們到關渡去過年。珮珮好高興，自強新村又有好多玩伴可以一起玩，侃侃剛開始對婆婆有點怕生，但很快就熟了。到了1月23日，還沒過年就驚聞家中失竊，連忙又帶侃侃回新竹，失竊物有文騄的飛行夾克、西裝、我的風衣、鬧鐘、珮珮及侃侃的鎖片、項鍊及電晶體收音機等，物資不豐的民國五零年代，這些都算是貴重物品。我報了警、換了結實一點的門及更好的鎖又回關渡，大年初一（1月30日）又獨自帶著侃侃向長輩拜年，大年初二，好多長輩包括我的父母、芝燕、觀德，新婚的妹夫王德江、文芬都來祝賀婆婆的生日，這次過年侃侃很健康，我當然也在廚房煮飯待客。直到2月5

日，文騄出差回來，次日接我們回新竹。

第三次獨自育兒的日子

文騄在家的日子總是過得特別快，我也利用這段時間為兩個孩子縫製一些外面買不到的衣服，例如：背心裙、夾長袍等。3月30日（星期六）他又出差了，我已適應了獨自帶孩子，加上侃侃已經可以自己走路了，我還會約隔壁的趙巧雲帶她的一兒一女，連同我及兩個孩子一同逛動物園。我居然能抽出更多的時間來看與自己所學相關的書，有了報考國內研究所的念頭，看來有點瘋狂，大概是不斷聽聞好些高中、大學同學出國求學的刺激，當年的未竟之志又在心中蠢蠢欲動。

4月15日下午，一歲八個月的侃侃跟著姊姊和一群小朋友在大門前路上玩，步履不穩的侃侃一不小心把到隔壁趙巧雲家玩的小朋友連人帶小三輪車推到前門外的大水溝裡，他自己也掉下去了。好在水溝水淺，那個小朋友及他都一腿爛泥，惹得那個小朋友哭，他自己居然站在水溝爛泥中喊：「救命！救命！」很慢才學會講話的侃侃居然能說出「救命」這個詞彙，也令我驚異！圍觀的小朋友則哈哈大笑。我向小朋友家長不住的道歉，把侃侃夾在腋下提回家，給他洗澡、更衣，再洗小三輪車，當然那位小朋友也回到趙巧雲家去洗澡。

5月1日（星期三）因珮珮對鄰居小朋友或讀小學、或讀幼稚園羨慕不已，我就讓她和隔壁趙慧漢的女兒朱維葳一起坐娃娃車到天主教曙光小學附設海星幼稚園去試讀，後來我到幼稚園去看她，只見她一點也不怕生，玩得好開心，姆姆（修女別稱）就讓她繳費入學了，珮珮立即穿上了繡有「海星幼稚園」圍兜，神氣的成為「學生」，那時，珮珮3歲1個月。

五月中，我將前院竹籬笆圍牆改成磚牆，還把前院整個鋪了水泥，也整理了花台，新房子的園丁不但為我種了杜鵑等花，還在大門兩側花台內各種了一顆芭樂樹，這樣孩子們可以方便的在前院玩耍、騎小三輪車。

到了5月27日，文騄又在未經通知的情形下突然回來了，我們一家四口在6月5日（星期三）利用文騄的十天休假到日月潭去玩。這是我們第二次來玩，上次是兩個人蜜月旅行，住在教師會館；這次是全家四口出遊，住在涵碧樓，玩了三天才回新竹。6月15日文騄升C-123正駕駛，18日他又出差了。

第四次獨自育兒的日子

到了6月22日，我發覺疲倦思睡，加上經期未出現，我判斷是又懷孕了，我歡喜的接受這個事實，反正兩個孩子都大了，就算文騄不在家，我也應該可以應付。誰知道了25日，我開始嘔吐，開始不以為意，因懷珮珮時也曾嘔吐，哪知嘔吐不但未見好轉而且變本加厲。到了30日，我聞到自己煮的紅燒牛肉內八角調味料就噁心的連膽汁都吐出來，喝水也吐，癱在床上完全起不來。兩個孩子幾天沒洗澡、沒洗臉，蓬頭垢面像個小乞丐，偏偏侃侃赤著腳到後院外去玩踩到玻璃，腳底被玻璃劃開一條長傷口，流了好多血跑回家哭。

我在萬般無奈下只得叫珮珮向劉媽媽（吳倩珠）求救，吳倩珠帶侃侃到空軍醫院去包紮，又打了電報給文芊。鄰居太太這才知道我害喜的這麼嚴重，多虧她們，給兩個孩子洗澡、吃飯，解決了我的燃眉之急。次日（7月1日）上午，文芊來接我及孩子們到關渡，從新竹火車站到台北火車站，再轉淡水線小火車到關渡，我也不知自己怎麼還有力氣爬上關渡車站的長坡，過了馬路，再走階梯到自強新村，總之，孩子們交到婆婆手裡我就放心了。就這樣，獨自育兒的計畫到此為止。

到關渡第二天恰為星期二，我在巡迴診療車上看病，醫官要我自費注射樂補保（複合維他命B）及維他命C，雖然後來仍每天至少嘔吐一次，但情形逐漸改善，也能吃東西了。我請了人專門洗我們及婆婆的衣物，因兩個小傢伙在自強新村玩伴太多了，我每天要幫他們洗好幾次澡、換好幾套衣服。

在婆家住到8月9日，文騄又是和以前一樣，沒有預告的回台，孩子們當然好高興。他這次休假一週，13日侃侃兩歲生日，我們又帶孩子們到圓山動物園去玩，也買了蛋糕插上兩根小蠟燭為他慶生。又過兩天，我也趁機去看芝安，她暫住青田街芝慮婆家，剛離開香港電懋公司，在電懋主演過一部影片「四千金」，因個性與香港電影圈不合，打算暫留台灣看看家人。不久她就到美國紐約進修，並和正在賓州州立大學博士班就讀的顧永愣先生結婚，永愣獲得博士學位後，他們就遷往加州並一直定居加州。

我和孩子們在文騄陪同下回到新竹的家是9月2日中午，珮珮回去後正式到海星幼稚園讀小班。9月8日及15日，我們利用兩個星期假日文騄不上班，一家四口分別到動物園及青草湖去玩。文騄告訴我，他不久之後，又要出國受訓，我想，他可能要把握機會多享受天倫之樂吧！

1：民國53年兩位作者在黑蝙蝠東大路宿舍參加聖誕晚會。

2、3：54年8月16日星期一，34中隊慶祝十周年隊慶，在中隊宿舍大廳宴請美籍教官、顧問，空軍總部長官及夫人，此為34隊眷屬同向總部官夫人們敬酒時攝影，圖2中站立者右一為劉鴻翊夫人，右二為第二作者李芝靜。

1	2
	3

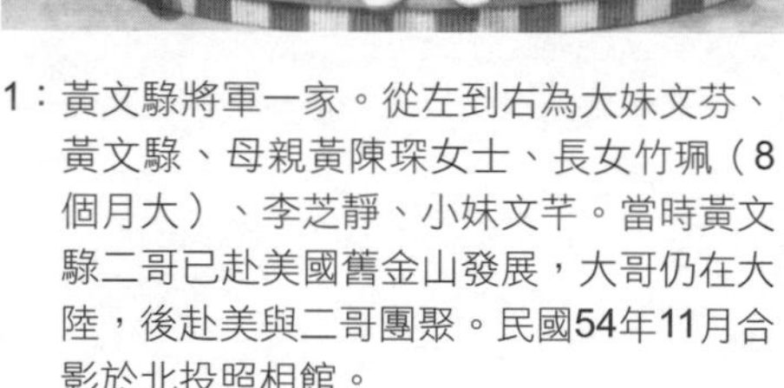

1：黃文騄將軍一家。從左到右為大妹文芬、黃文騄、母親黃陳琛女士、長女竹珮（8個月大）、李芝靜、小妹文芊。當時黃文騄二哥已赴美國舊金山發展，大哥仍在大陸，後赴美與二哥團聚。民國54年11月合影於北投照相館。

2：民國58年4月26日（星期六），黃文騄執行奇龍計畫訓練完成，準備執行任務前，至舊金山二哥家小住，在舊金山機場時與二哥合影。

3：民國55年元旦，黃文騄抱長女竹珮與李芝靜攝於34中隊（對外稱為西方公司）宿舍（隊員稱之為「新房子」）大廳，34中隊後來因媒體報導被稱為黑蝙蝠中隊。

1 | 2 / 3

第九章

奇龍計畫

黃文騄：軍中生活（1968－1970）

奇龍計畫準備作業

啟程赴美國受訓

民國57年9月，在我執行「南星三號」任務之後，被派往美國受訓，以便執行「奇龍計畫」。奉派赴美國受訓的飛行官有孫培震上校、劉鴻翌中校、庾傳文中校、楊黎書少校、王銅甲少校及我，我那時也是少校，此外，還有領航官黃志模少校、何祚明少校、廖湟楹上尉、馮海濤上尉、王小琳上尉、張明珠上尉，電子反制官陳琦山少校、任鐸少校、戚方岩少校、劉恩固少校、陳超曾少校、史冬慶少校，機械官金宗鑑少校、易佑能少校，機械士黃達新士官長，空投士劉桂生士官長、桂興德士官長、廖自強士官長、張漣漪士官長、歐治乾上士、李浩上士等27人，共分成三組，另加聯絡官王振中少校，為6位空投士擔任課程翻譯工作，由副隊長孫培震擔任領隊。

當然，這個計畫又是完全保密，不能對家人透漏隻字片語，反正我已數次赴美國受訓，我就告訴芝靜：「我奉派到美國加州受訓了，這次受訓的時間可能長一點，」芝靜也就不再多問。那時芝靜懷著老三，已有三個多月身孕，我們的老大竹珮才三歲六個月，老二可俠兩歲一個月，都還不能照顧自己。

我9月26日和芝靜及孩子們依依不捨的道別，先回關渡住了一晚，也看看母親，第二天早上9點，再和其他隊員從台北松山機場搭乘美軍的Boeing 727包機赴菲律賓美國Clark基地，由該基地乘坐Trans International Airlines的DC-8抵日本橫田機場，停留兩個半小時後，於晚間10時起飛，經美國阿拉斯加Anchorage機場，停留一小時後，再度起飛，因經國際換日線的關係，抵達Anchorage的時間為27日下午1時多，停留一小時後起飛，未經過海關，而直接於當地時間晚上8時抵達加州Travis空軍基地。我們到了Travis空軍基地後就一切保密，只能和John及Mingus兩位先生接觸，我們只能這樣稱呼他們，不知他們的姓，連這兩個名字是真是假也不知道，後來我們慢慢知道他們隸屬美國中央情報局。9時40分，我們在John及Mingus兩位先生安排下，自該基地搭乘軍用巴士於晚上11時抵達舊金山，當晚我們住進了Cable Motel，我住27號房，而John及Mingus兩位先生也一路陪伴我們。

住進旅館後，我們這27人先在舊金山停留四日，集體在附近遊覽，記得在海邊遊覽時，有一位貌似東方人的中年男子，友善想的和我們聊天，John及Mingus就連忙將我們帶開，很怕我們說了甚麼不該說的話。從我的描述可知，我們這群黑蝙蝠中隊隊員所有的對外聯絡全被封鎖，只能和John及Mingus兩位先生及教官、維修支援技術人員接觸，而且John及Mingus兩位先生一路跟隨我們，與其說是「陪伴」、「照顧」，不如是說「監視」更恰當。家人只知道我們是在加州受訓，我們和家人之間不能通電話，只能以信件往返，而且和家人的通信是轉交的方式，內容經過檢查才能寄出；家人給我們的信也由同一人員、同一地址轉交，信件上的地址不管我們到那裡都不改變，所以我們的信件往返時間往往很長，好在我出發赴美之前，特別在我的皮夾內放了芝靜及竹珮、可俠兩個孩子的照片，方可稍解我的思念之苦。

田納西州接受C-130E飛行訓練

在舊金山停留四天後，我們27個人被分成兩部分，第一部分是飛行官孫培震上校、劉鴻翌中校、庾傳文中校、楊黎書少校、王錮甲少校、我，機械官金宗鑑少校、易佑能少校及機械士黃達新士官長共9人，先到田納西州Sewart空軍基地接受訓練；第二部分是領航官黃志模少校、何祚明少校、廖湟楹上尉、馮海濤上尉、王小琳上尉、張明珠上尉，電子官陳琦山少校、任鐸少校、戚方岩少校、劉恩固少校、陳超曾少校、史冬慶少校，空投士劉桂生士官長、桂興德士官長、廖自強士官長、張漣漪士官長、歐治乾上士、李浩上士等18人，還有聯絡官王振中少校，由John及Mingus兩位陪同，先到我們後來一起會合受訓的Nevada Test Site（即Site 51）基地。

我們9人於10月1日早上8時，自舊金山出發，搭乘American Airlines的Boeing 727到德州Dallas轉赴田納西州Nashville，然後轉乘空軍巴士，車行一小時後於下午將近5時抵目的地Sewart空軍基地，我們9人住進基地編號306棟大樓的201、202號房。次日，我們共同接受C-130E基本飛行訓練；當然，訓練教官全是美國人。Sewart空軍基地規模相當大，基地內除了餐廳、商店、洗衣店、軍官俱樂部，還有郵局、銀行、健身房、電影院，我們的行動也比較自由，可以離開基地外出逛街、購物、吃東西。

Nashville是美國鄉村歌曲的發源地，鄉村歌曲到處可聞，市容也充滿了獨特的與鄉村歌曲有關的標記。此外，我覺得當地的食物也與許多城市不同，記得有一次我們到一家餐廳用餐，看到一道菜名是「Chicken Basket」，心想，雞籃子是甚麼？能吃嗎？一時好奇就點了這道菜，誰知，侍者送來的真是一個大籃子，裡面裝著一隻烤全雞，還有烤馬鈴薯、青菜等配料，我當時真是嚇了一跳，誰有這麼大的食量啊！難怪美國人會這麼胖！然後就和隊友分著吃了。

兩個月之後，也就是民國57年11月底，我們這9個人結束了在Sewart空軍基地的訓練，於12月4日中午搭乘美軍C-130運輸機（機號715）到內華達州Las Vegas北面的Nevada Test Site（即Site 51）基地，和其他18名隊員會合接受組員配合訓練，在這裡，我們9人的生活起居又由John及Mingus兩位管理了。

Nevada Test Site基地是個沙漠乾湖，我們這群黑蝙蝠隊員當時根本不知道它的名稱，只知它的代號是「Delta」或「Groom Lake」，以下的描述中都將以「Delta」基地稱之。該基地位於北緯37度14.02分及西經115度48.48分，它的附近是一個原子彈試爆場，稱為原子能委員會內華達測試場，我住的房間就是隸屬測試場的第11棟木屋5號房。

Delta基地的生活起居

我們到了Delta基地之後就禁止外出了，而且我們住的地方及活動場所與外界是絕對隔離的，我們住進來之前，住的地方早已被清理得乾乾淨淨，一個外人都沒有。除了我們奇龍計畫隊員，就只接觸到我們的兩位廚師，他們每一天都輪流跟我們在一起。另外就是一直陪伴我們的John及Mingus兩位了，無論我們有任何問題，他們都會儘量為我們解決。至於對我們進行各種訓練的美國教官們，住的地方是和我們隔離的，只有吃飯時常常到我們的餐廳吃牛排。不能外出對我們也沒有影響，因為基地外除了沙漠甚麼也沒有，反倒是基地內舒服得很：冷暖氣、電影院、健身房、洗衣間、彈子房、閱覽室、音樂室、交誼廳等都應有盡有。

在Delta基地，我們吃、住都很舒服，每一棟獨立木屋有四間套房，因為房間太多，有的隊友兩人就住一棟木屋；一日三餐愛吃甚麼就點甚麼，想吃中式菜餚，只要寫下來，廚師都會想辦法到別處買來供應我們。剛開始，我們對牛排很有興趣，因為在餐廳叫一客牛排很貴，捨不得也吃不起，但是在Delta基地，若是喜歡，可以餐餐叫牛排，但牛排吃久了，覺得實在難吃，還是米飯、水餃、台灣罐頭最美味，可是我就看到有些到我們餐廳用餐的美國教官，似乎每餐都吃牛排，我真佩服他們的美國胃。有時，我們閒來無事，也會寫一張食物材料清單交給John及Mingus，他們就會為我們買來，然後我們就在廚房自炊。至於清洗衣物，除了內衣褲自己洗，其他衣物都可以拿到洗衣房洗，貼身衣物洗完馬上乾，因沙漠地帶乾燥的氣候，使脫水、烘乾全免了。

傳統美國聖誕新年假期到了，美國教官及兩位廚師都要休假，John及Mingus為我們安排了C-130E專程送我們離開基地到洛杉磯遊玩，他們兩位仍陪著我們，大家也就這樣度了一個離開沙漠的長假。

Delta基地C-130E的基本及任務訓練

基地的設備很好，15,000呎的水泥跑道，有夜航設備的是12,000呎，在水泥跑道之外，有6,000呎的乾涸湖面也可供飛機起飛，所以整個跑道可以延長到21,000呎。

在這個基地，美國教官先將我們這些黑蝙蝠中隊隊員的飛行、領航、電子、機械、空投等各種專業組合後做一般基本訓練，剛開始訓練時，我們還做過相同專業間人員組合調整，但後來分組就固定，不做變更。訓練時，我們起飛後向南一直飛到亞歷桑納州Yuma市附近的墨西哥邊境，轉向到加州外海向北，再經過Death Valley到華盛頓州的加拿大邊境後飛回基地，這是十二小時的長途飛行，有時飛行距離會稍短，全視訓練內容而定。在飛行途中，經過塔台需要聯絡時，機上的教官都叫我們不要出聲，由他們和塔台人員對話，因為如果是我們直接和塔台人員聯絡，塔台人員從口音會知道是外國人在他們的國內飛行。外國軍人在美國接受飛行訓練是常有的事，但我們不一樣，我們這一批黑蝙蝠隊員的行蹤、任務都需要絕對保密。我們每一次的訓練都是事先規劃好的，需準時按計畫起飛，我們的飛機不像民航空公司的飛機，要受機場塔台航管人員的管制，我們可以任意起飛，照美國教官規劃的課程飛行，為了後來作戰任務及目標區空投需要，高度也不受塔台控制。

基本訓練完成後接著是任務訓練，接近最後階段都是夜間低空訓練，每一次可以長達八到十二小時，我們「任務機」飛越空域橫跨美國西海岸到東海岸，還會有各種的飛機來攔截，最常見的是F-102、F-101、F-4、F-105等。因為我們預先設定的航線無論怎麼飛，都有許多美國空軍基地，美軍飛機可以在短程內就起飛攔截，我們根本沒有多少時間可以應變，這時需要組員間發揮協同作戰精神，電子官目不轉睛的盯著示波器，聚精會神的聽著耳機內傳來的聲音，需在瞬間破解「敵方」電訊。當示波器發出訊號警示，飛行官必須利用攔截機最後進入準備瞄準射擊前瞬間一面迅速迴轉，一面急墜高度，才能脫逃攔截。大家從耳機中收聽到呼叫「MF」，表示攔截機的攻擊任務失敗（mission failed）；「MA」表示攔截機的攻擊任務成功（mission accomplished）。「敵機」多批攔截攻擊，我們不斷瞬間忽高忽低、東拐西彎，如果迴避閃躲過久，飛機位置早已偏離航線過遠，就要靠領航官快速做精細測繪計算，找回正確位置，將飛機帶回到預定航線。當飛機到達預定航線上方，領航官會繼續引導我們這架「任務機」航向計畫中的目標座標點，計算出定時定點到達正上方時，就即刻對地面發送信號。地面電台同時測出「任務機」實際位置，只要是不在目標座標點上，地面電台就會報出「任務機」的方位和離目標座標點的差距；若地面電台驗證「任務機」位置準確無誤通過目標座標點上空時，也同時以「On Target」回覆。我們這樣反覆嚴格訓練，後來大家從耳機中收聽到的呼叫都是「MF」，地面回覆的都是「On Target」。

加強執行任務需要的低空及夜間飛行訓練

我們這一批黑蝙蝠隊員在Delta基地，從民國57年11月底，一直集中訓練到民國58年5月上旬才完成訓練。在最後兩、三個月的飛行訓練加入其他課程，因為除了要對C-130E的各種性能完全熟悉，飛行、領航、電子、機械、空投之間的專業技術完全配合外，低空飛行及夜間飛行更是執行任務時絕對需要的練習。

低空飛行方面，我們在大峽谷練習，因該處的地形類似中國西南地區高山縱谷及險峻的山勢，我們貼著山邊以500呎的高度飛行，飛機也隨著地形忽高忽低，我們反覆練習，務必練習到駕駛C-130E操控自如為止，後來我們出任務時才知道，訓練地形和我們執行任務的地形相仿，空投區的地形和我們任務的地形尤其類似。飛機上有一種我們以前從來沒有見過，當然更沒有使用過的低空循跡雷達（TFR；terrain following radar）配備，無論是飛經平原、丘陵、高山、縱谷，接上自動駕駛儀，飛機無人操作，都能無誤的貼近地面飛行。

夜間飛行方面，除了平日的夜航及低空目標空投練習，在訓練過程中，已有新發展出的助航裝備前視紅外線（FLIR；forward looking infrared），這是美國當時正在研發中的夜航裝備，這種裝備可提供夜間飛行時查看飛機正前方或垂直正下方地形，使低空及夜間飛行較有保障，我們在組合訓練時，FLIR性能尚在改進中，但Texas Instruments的FLIR設計人員會在我們訓練落地後，不管我們返航多晚，都會在機場等我們，詢問我們意見立即改進該裝備性能。組合訓練中，我們發現每一次FLIR的性能都會比上一次進步，等我們出任務時，FLIR的性能已相當完善，我也深深佩服美國人工作實事求是的精神。

執行任務需要的極地逃避及求生訓練

快結訓時，大約是三月底，我們又到內華達州北邊靠奧勒岡州附近，正確的說是在西經119度及北緯41度，海拔6,500呎的山頭雪地裡住了兩個星期，做極地逃避及求生訓練（arctic escape and evasion survival training）。其中也包括雪地訓練，這些訓練都和我們的任務有關，為的是讓我們這群常年在亞熱帶生活的官兵，能實地體驗一旦飛機被擊落，在寒冷的、長年積雪的中國西南高原地帶及陡峭的山區，如何生存下來，而且能躲避中共民兵的追擊、聯絡上救援的游擊隊員。游擊隊員也是美國中央情報局與台灣敵後工作單位合作建立的救援小組，我事後才了解，為何在我們野外求生訓練之前，突然出現了一位東方面孔的教官，與我們生活了一個多月，原來他是中國川藏地區游擊武力的負責人，和我們一起生活是為了認識我們，了解我們的生活習性，以便我們黑蝙蝠隊員如果任務中不幸被擊落，能迅速救援我們。這位教官在我們出任務前，就已經率領了一個小組，潛入大陸，做好接應工作的準備。

為了訓練我們在雪地山區惡劣天氣下的求生技巧，每三人一組，我和孫培震副隊長、金宗鑑一組，當時美軍只發給我們一個背包，裡面有一把銳利的獵刀、一把左輪手槍、一個睡袋、一個指南針、一雙登山鞋、一副金手鍊、一些人民幣，還有台灣菸酒公賣局製造的雙喜牌香菸，這是每個人的背包內都有的東西。因為我不抽菸，所以就隨手給了抽菸的隊員，當時，我們猜測，美軍給我們雙喜牌香菸，大有一旦任務失敗，美方可以完全撇清責任的意味。

奧勒岡州的山頭，雪地氣溫在零下十幾度，地面凍得像石頭一樣硬，毛巾即使在火上烤還是結冰，熱水倒在地上也立即成了冰柱。就算我們躲在搭好的帳篷裡，還是難耐夜間酷寒，需要到樹叢間砍取針葉樹枝及乾枯植物，厚厚的鋪在睡袋下，再將帳篷上架空鋪上一層傘衣，再鑽入睡袋，只露兩個鼻孔呼吸，才不會凍得無法成眠。就這樣，早上醒來，還是覺得上嘴唇與近鼻孔週邊的睡袋表面出現一片片細絲般的冰條，原來是鼻孔呼出的熱氣驟然凍結凝聚而成。

有趣的是，我們在火中烤食物時，常有野狗聞香而來，有些隊員就拿多餘的食物餵狗，狗也就溫馴的吃了，豈知幾天之後，我們的行為被一位美國求生教官看到後嚇一跳，我們才知我們餵的不是野狗，而是山區土狼，以後我們就再也不敢餵了。

我們不是搭好帳篷就待在一個定點，而是在兩週內必須移動到另一個山頭預定目的地，求生訓練才算合格。各小組向目的地移動時不能被假想敵教官發現，所以我們走出帳篷外都得小心翼翼，選擇走樹叢或岩石邊避開他們。就這樣大夥躲躲藏藏的向目的地前進，最後大家都在兩週內達到報到地點，完成了極地逃避及求生訓練。

民國58年5月上旬，我們已受完一切該受的訓練，此時我們知道出任務的日子可能近了，但對於我們要到那裡出任務以及從事什麼樣的任務，卻是一點也不清楚。

執行奇龍計畫

從美國飛往琉球

民國58年4月25日（星期五）下午1時半，我們搭乘C-130（機號801）離開Delta基地，一小時後抵加州Hamilton空軍基地，到舊金山略作休息，我們就分別在當地遊覽，我也趁機到我二哥位於灣區Fremont家住了幾天。5月2日美軍派一架C-118專機（機號33230）載我們前往夏威夷Hickam空軍基地，在當地暢遊之後，4日飛往Wake島加油，因又經過國際換日線，抵達時已接近5日上午10時了，在Wake島停留兩小時後，再飛往琉球的Kadena美國空軍基地，抵達時間是晚上7時15分，隨即住進了當地Hotel Kyoto, Koza, Okinawa，我的房間是312號。在琉球停留的這段時間，我們可以到處觀光。大家都玩得很開心，心情也很輕鬆，此時對未來要做的任務毫不知情，那時們只知道未來的任務地點是泰國，而且到泰國之前，我們還可以先回台稍作停留。沒有甚麼比可以回家見妻兒更讓我們這群黑蝙蝠隊員興奮的了，我一想到和芝靜及孩子分別已將近九個月，現在終於快要見面，還可以親自抱著尚未見面的小女兒，真是愈想愈高興。

交代後事

在琉球停留期間，呂德琪隊長專程自新竹基地前來與我們這群黑蝙蝠隊員會合，我們見到呂隊長都有點驚訝。民國58年5月7日（星期三）晚上，呂隊長召聚我們在一間屋內，發覺中央情報局駐新竹部門主管White先生竟然也在現場。這時呂德琪隊長才委婉的轉告我們，每一個隊員寫一封家書，告訴家人我們有其他工作須延後返台，我們都聽得懂，家書就是遺囑。這個宣布真是晴天霹靂，讓我們的心情從高空盪到谷底，我們既沮喪又難過，大家都意識到這個不知名的任務一定十分艱鉅，可能我們永遠也見不到家人了。

這封家書要怎麼寫呢？我對芝靜及孩子們的愛意豈是一封家書所可表達的！我還有一位愛我、關心我的高堂老母呢！我不知要怎麼安慰她，她早年喪夫，獨自帶我們來到台灣，好不容易等到我成家，讓她抱到孫子，心理稍感安慰，如今我竟要先她而去，我母親知道了這個噩耗受得了嗎？我是個不擅言詞的人，我愛芝靜，也感激芝靜對我們建立的家庭盡心盡力的付出，我才能放心的執行國家交付的任務；我也想念我的一雙兒女，還有出生三個月、只見相片、尚未謀面的老三，但是提起筆來就是不知如何措辭。

我與芝靜結婚前也曾通過一百多封信，但內容不外是生活報導、傾訴思念與表達關懷，如今我實在不知該怎樣告訴芝靜，如果我不在了，如何讓她把我對孩子的愛意與期望都替我對孩子描述出來；我也想讓芝靜、孩子們及我母親知道，我不是個不負責任的丈夫、父親與兒子，我已把對家人的愛轉換成軍人的職責、國家的大愛了。就這樣寫了又撕、撕了又寫，收信的時間到了，我還是無法把我心中的感覺表達出來，最後我只交代軍方，一旦出事，我的保險受益人要改為芝靜，因上次寫遺囑是空軍官校剛畢業，那時我尚未結婚，保險受益人寫的是我母親，我想，如果我真的為國捐軀了，芝靜會了解我對她及對孩子的愛，也知道如何教養孩子們成材及照顧我母親的。

直飛美軍在泰國的Takhli基地

在琉球停留四天之後，我們在5月9日（星期五）中午12時搭乘同一架C-118離開Kadena空軍基地，另一架C-130則將我們的東西先運回台灣。接運我們的飛機經過航道上的新竹卻過門不入，直接於晚上8時飛到美軍在泰國的Takhli基地，飛機落了地，我們都還不知自己在哪裡，然後就不經通關，也未接觸任何人，直接被巴士送到像是拖車改成的套房內住宿，在該基地我們黑蝙蝠隊員不僅是被禁止外出，而且是被隔離，一些隊友去運動、去各種娛樂室、去酒吧喝酒等，都是清空了場地，沒有外人。就這樣，直到任務揭示，我們才知自己置身美軍Takhli基地，也才明白我們大致的任務內容及目標所在。

任務分組及揭示

Takhli基地位於泰國曼谷以北約20哩，任務前，除了兩次夜航，就是大家討論飛航作業及重新分組問題，此時，我們27位黑蝙蝠隊員在呂德琪隊長主持下，仍被分成兩組，每組組員與我們在美國訓練時相同，一組為任務組，另一組為預備組；如果任務組不幸失敗，另一組在Takhli基地待命的預備組就接替繼續執行，只是分組當時，尚未決定由那一組執行任務。

任務揭示時間到了，大家齊聚簡報室（也是一輛拖車），呂德琪隊長向我們說明了任務目的、目標地點、航線路程、週邊敵情等細節後，大家再按各自專業分頭討論、規劃詳細作業內容。經過冗長的近九個月的反覆嚴格訓練與極地逃避及求生訓練，我們已意識到此次任務一定很艱險，但怎麼樣也不曾料到我們竟要如此深入飛彈、武裝部隊林立的大陸核武試爆區。這個行動我方的名稱是「奇龍計畫」，美方稱之為「Heavy Tea」，我們的任務是在沙漠地帶空投兩組可以自動蒐集地表震動，捕捉原子塵，檢測溫度濕度變化的大型核彈偵測儀，透過訊號的不斷傳送，藉以顯示中共試射的飛彈或試爆的核武產生的異常資料，以便分析、研判中共的洲際飛彈或核子武器研發的情形。

任務的空投點（drop zone；DZ）有兩個：第一個是北緯41度33.2分及東經97度54.1分，也就是在甘肅酒泉北邊、馬鬃山東南邊地區，馬鬃山主峰的標高是2,583公尺，位於甘肅河西走廊玉門市的正北方，右接內蒙古巴丹吉林沙漠，左臨新疆門戶星星峽；第二個是北緯41度33.1分及東經98度10.3分，也就是在內蒙古巴丹吉林沙漠西邊地區，這塊寒冷、荒涼的人跡罕至之地正是中共發展飛彈初期，多次自東北發射各型東風飛彈的主要彈著區及核子武器試爆場。

我推測「奇龍計畫」選擇馬鬃山東南邊及內蒙古巴丹吉林

沙漠區為目標的原因有兩個：一是可以避免中共戰機的攔截，因馬鬃山附近只有一個雙城子機場，該機場雖有地面管制攔截（Ground Controlled Interception；GCI），但機場和馬鬃山相距約90浬，即使我們的行動被發現，在中共戰機起飛攔截前，較有應變時間；二是當時中共防空部隊尚無類似美製的鷹式飛彈，為了防止U-2飛機的入侵，漠北和新疆地區的反偵照武器皆屬高空飛彈，有利低空飛行的C-130E，所以「奇龍計畫」才會選擇馬鬃山及內蒙古沙漠區為目標。

被指定為任務組

執行任務的當天，也就是民國58年5月17日（星期六），方由呂德琪隊長決定孫培震副隊長那一組為任務組。12名組員是：飛行官孫培震、楊黎書及我，領航官何祚明、廖湟楹、馮海濤，電子反制官陳崎山、劉恩固、史冬慶（他的專責是收發通訊電信），機械官易佑能，及空投士官長劉貴生、桂興德，機長是孫培震上校。其他15名隊員及另一架飛機則依計畫在基地待命，我們若無法達成任務，他們就會繼續前往。

出發

我們出任務的C-130E型飛機，是美國空軍借給美國中央情報局使用，機上加裝的電子裝備則由美國中央情報局提供。C-130E的馬力很大，起飛安全總重量是155,000磅，我們的起飛總重量可以到175,000磅，以這種載重只能飛到17,000呎高度，要航行一段時間，等油消耗了，飛機慢慢變輕了以後才能繼續爬升。為了供應長程飛行所需，整架飛機共裝載了19,000加侖燃油，除了正常油槽和機翼加掛的兩個副油箱，機艙內還有四個備用油箱各500加侖，及兩個長、寬各約4呎高約5呎，裝在木箱內，又大又重的核子測偵儀。因為我們的裝載物及其重量，起飛前要先做油量消耗及載重平衡計算，載重量及物品的放置需先做全盤規劃，因為飛機全載重起飛後各階段航線都會對飛行姿態、速度產生重大甚至安全與否的影響。

5月17日當地時間下午4時50分，我們任務組9名組員和呂德琪隊長、美國教官及15名在基地拖車內的待命隊友一一握手道別，我們不被允許離開拖車，連美國教官也不例外。任務組3位領航官，為了先檢測、調校我們這架飛機上裝置的初期新創的慣性導航儀，已經比其他隊員早兩個小時上了飛機。那時我雖沒有時間多想，但真認為此次一別，就是和我親愛的袍澤弟兄的永別。

到了停機坪，看到另一架待命C-130E也停在我們飛機旁邊，我知道，這一架飛機是倘若我們任務失敗，預備組用來繼續接替我們出任務的飛機。我們9人登上這架沒有標誌、沒有機號、漆上迷彩的C-130E，飛機上所有組員，都穿著沒有任何標誌台灣製的便服，也不帶任何證件，甚至連求生裝備都特別到歐洲採購，絕對不讓這趟任務，與美國產生任何關聯。當然，我們在奧勒岡州的極地逃避及求生訓練用的背包也在飛機上。

登機後，孫培震副隊長坐上了正駕駛座位，我坐副駕駛座位，所有機組員也都按自己職務各就各位。17時11分，四具引擎發動了，我們直接在停機坪試車，組員也進行各別及整合起飛前檢查，滑行至跑道頭再次試車做45度檢查[49]，一切正常無誤後，即進入跑道起飛。這架全載重的C-130E在Takhli基地跑道上滑行，引擎漸漸加速達到最大馬力，飛機在跑道上不斷顛動加速奔馳，引擎聲震耳欲聾，快到跑道盡頭時機頭終於拉起，接著飛機速度、高度都逐漸增加，顛動消失，孫副隊長收起了起落架，大家總算鬆了一口氣。

飛向目標區

我們這架全載重C-130E自泰國曼谷北邊Takhli基地起飛後，飛行的路徑大致是經泰國北部清邁、緬甸曼德勒、密支那翻越喜馬拉雅山進入大陸，沿青康藏高原東側到甘肅省酒泉，再轉向東北，到達馬鬃山目標區。自Takhli基地起飛後，飛機一路爬升，抵達清邁時高度約為16,000呎，進入緬甸時的高度已達17,000呎。前面提過，飛機起飛時原本孫培震是正駕駛，我是副駕駛，過了清邁，我下去休息約二十幾分鐘，就回到駕駛艙，坐上正駕駛的位子，直到任務結束在清邁落地。

當飛機飛越緬甸，通過喜馬拉雅山的時候，天氣很差，遭遇強大暴風雪，飛機顛簸得很厲害，整個儀表都亂了，我在耳機中也聽到領航官發出「MSA！MSA！」的示警聲，我立即爬升高度，顛簸的情形才好一點。前面提過，MSA（minimum safety altitude）

---

49 飛機自停機坪滑行進入跑道頭前，先在跑道側停妥，使機頭所向方向與起飛跑道方向成45度交叉角度，臨起飛前再做試車等各項檢查，一切正常無誤後向塔台請求起飛許可，塔台給予起飛許可及氣象航管指示後，飛機才可滑行進入跑道起飛。

的意思是「緊急狀況的最低安全高度」，是一個飛行中很普通的術語。此時已經飛了兩個多小時，飛機高度已經可以爬升到19,000多呎。等飛到山頂，飛機高度約在20,000多呎，距山頂高度約800呎。翻過喜馬拉雅山，進入中共的領空之後，飛機高度就逐漸降低，飛行絕對高度保持1,000呎，使用低空循跡雷達（TFR；terrain following radar）躲避地面雷達的掃描，這個新裝備此時發揮了很大效果。當C-130E到達昆明附近，電子官報告中共的雷達掃描到我們了，但幸運的是中共部隊在昆明的四架夜戰能力米格機，並沒有做出任何後續的反應。可能是我方飛機進入大陸偵測已經停止一年多了，再加上黑蝙蝠中隊的飛機，不是從新竹出發，就是從南韓群山基地出發，從來沒有人走過這條航線，所以大陸的雷達失去警覺性之故。我們繼續往北飛行，飛到柴達木盆地的時候，我們右手邊中共飛彈基地的燈光都清晰可見，這次中共也沒有甚麼反應。

依據原定計畫，我們每飛到一個報告點，就必須以數位電訊發射器（digicom）[50]快速發出訊號回報，但是飛越喜馬拉雅山後，可能是因暴風雪飛機顛簸得太厲害的緣故，到了下一個報告點，數位電訊發射器就故障了，為了不曝露行蹤，領航官決定不向Takhli基地回報。其實無法用數位電訊發射器回報就停止回報是唯一的選擇，我們不做定點位置回報，充其量只讓Takhli基地無法得知我們當時的位置，雖然他們會焦急，卻不會暴露我們行蹤，也不影響任務執行。經過六小時的飛行，我們已接近空投目標區，這時我們開始貼著地面飛行，高度僅約800呎，而且有亂

[50] 數位電訊發射器（digicom）是當時最新通信裝備，訊息資料輸入後，只需兩、三秒時間，大量資料都可發送完成，極端保密，敵方完全無法截獲及解碼。

流，我們繼續小心翼翼的使用前視紅外線（FLIR）及低空循跡雷達（TFR）輔助飛行，唯恐有任何閃失。

第一個定點成功空投

飛行了6小時又46分鐘之後，到了第一個空投點上空，在僅有500呎高度下，C-130E打開後機艙門，空投士將第一個巨大的核武偵測儀連同木箱用降落傘擲下，它一落到地面，木箱會自動打開，就有電路通到保險傘上面的炸藥包，會將傘炸成小碎片，在沙漠上風一吹蓋上沙，就不容易被發現，至於偵測儀雖然體積頗大，在強風吹拂下，仍然會被沙蓋上，蓋上沙的偵測儀不但不會被發現，而且依舊可正常發出訊號。我親耳聽到空投下去後的兩次爆炸聲，知道第一個偵測儀已經投擲成功了。

第二個定點成功空投

第一個偵測儀投下之後，再飛了5分鐘，我們又飛抵第二個空投點，我知道空投第二個偵測儀的難度比第一個更高，在這個空投點之前有一個小山坡，因為投完後馬上要回頭，所以我在起飛前就已經跟領航官協商過，飛機要稍微飛偏一點，不能靠山那麼近，在空投點只有一分鐘甚至幾秒鐘時間第二個偵測儀就必須空投下去，時間稍有延誤，偵測儀就無法投擲在準確目標上。空投點一到，每個隊員無不屏神靜氣，默契十足的各依職責，且將自己專業配合得天衣無縫，在空投點上空的關鍵時刻內，空投士又按照指示，在約500呎的高度下，以降落傘投下了第二個偵測儀，爆炸聲顯示第二次的空投又成功了。

回國

輕鬆的回程

我們27名黑蝙蝠隊員，在呂德琪隊長的帶領下，於5月19日（星期一）當地時間凌晨3時，美軍還是用那架C-118專機送我們回台北，回程中大家都有說有笑，氣氛輕鬆愉快，就算受訓前、後幾趟包機，大夥也是說說笑笑的，氣氛並不嚴肅，但大家心裡都明白，任務沒有完成前，那也僅僅是強顏歡笑而已。

就我來說，我想造化真是弄人，這次我竟會以這樣方式回到我曾在高一下待過兩、三個月的酒泉；我也開始想在受訓期間有那些趣事，好回家講給芝靜聽，至於那些驚險的任務過程，必須完全保密，而且我以後可能還會出比這一趟更危險的任務，說了怕芝靜會擔心，是絕對不能提的；孩子們的玩具、糖果已由美軍飛機先送回台灣了，不知回到新竹後，是先到隊上拿玩具、糖果，可以多騙到幾個孩子夾著口水的親吻好，還是先回家，摟抱了家人，行李再請隊上駕駛慢慢送回來好；那件任務前寫遺囑的事，當然是連提也不用向芝靜提了。

空軍總司令的晚宴

上午10時30分回到台北松山機場，飛機落地後，我們先在松山機場領回美軍C-130先前自Kadena空軍基地，幫我們運回台灣的東西，再裝上黑蝙蝠中隊來接我們的巴士。此時總部通知我們，空軍總司令賴名湯上將要在空軍新生社以晚宴招待我們，慶祝黑蝙蝠中隊成功的完成「奇龍計畫」，這個計畫美軍試了幾次，都沒有成功。

雖然我們好想回家，但是總司令召見，只得倉促赴宴，連衣服都沒換，因為衣物都已先運返新竹基地了，有人穿短褲、有人鬍子好長，因為是臨時通知，總司令當然也不怪我們。在空軍新生社的的晚宴上，總司令還問我們對任務成功的看法，大家幾乎都一致認為嚴格、循序漸進的訓練及先進的裝備是奇龍計畫成功的必須條件，但全體隊員默契良好、合作無間，能夠發揮團隊作業效果，才是這次任務成功的關鍵。

返家

等新生社的晚宴一結束，大夥歸心似箭的坐上隊上的巴士，回到新竹已是晚上八點多了。芝靜及老大竹珮見到我當然是高興萬分，襁褓中的老三可琦也對著我笑，但老二可俠，因我返抵家門之前，剛成功的完成了探險之旅（芝靜會有完整描述），已經累得睡著了，我只在他胖嘟嘟的臉頰上親了一親，真正的摟抱他已是第二天早上了。

獲頒寶鼎勳章及當選戰鬥英雄

回到新竹之後，我們足足休了一個禮拜的假，我也好珍惜我能足不出戶的陪伴在芝靜及孩子們身邊的日子。民國58年6月14日（星期六），在返台二十幾天之後，國防部長蔣經國先生在國防部召見我們，大夥先由經國先生頒授勳章，再與經國先生合影留念，我榮獲六等寶鼎勳章，這也是僅次於青天白日最高榮譽的勳章（見引言），使我感到莫大的光榮。

到了第二年，也就是民國59年7月9日（星期四），我接到通知，我們這12名執行「奇龍計畫」的黑蝙蝠隊員，當選了當年、也就是第二十屆戰鬥英雄，但因「奇龍計畫」仍屬最高機密，所以不得加入國軍戰鬥英雄行列接受公開表揚，只可以比照戰鬥英雄敘獎，我們的事蹟，就這樣被隱瞞下來。時至今日，即使黑蝙蝠的故事已經被公開報導了，我們當選國軍戰鬥英雄的事蹟卻鮮為人知，就連軍方的相關單位也沒有完整記載，只有空軍總部保留一份民國59年7月，空軍新任總司令陳衣凡上將以最速件通知各有關單位的公文，內容是：「茲核定孫培震等12員因服行特種任務有功，著予比照第二十屆國軍戰鬥英雄，由本軍各人事權責單位適當運用，希遵照。」

我想，黑蝙蝠的事蹟能公諸於世算是幸運的，因為任務逐漸解密，還可由戰鬥生還的隊友透過故事述說，被世人知道一點。在每個大時代中，一定都有不少無名英雄，默默的做了許多驚天動地的事，只因不被允許公開，或沒有人可以說出來、寫出來，這些故事就漸漸被歷史洪流淹沒了。

奇龍後續報導

成功的奇龍計畫

這次的「奇龍計畫」可說是完全成功的，一是美方已數次嘗試這樣做，但都沒有成功，交給我們黑蝙蝠中隊後，運氣加上全體組員合作無間、默契十足，第一次就完成了。二是我們投下的偵測飛彈發射及核武試爆的儀器，美方透過設在台灣新竹及湖口的兩座高感度天線，持續收到傳回的各種監測資料，雖然原本預定的電池壽命只有一年，但實際資料的傳送卻超過了一年多，這段傳送期間，始終沒有被中共的民兵發現。

根據中共後來的報導顯示，中共為了圓滿達成「東方紅一號」衛星的發射，曾下令各地面觀測系統通信網的有線電桿，必須派民兵站崗守護，據估計，自內蒙古到酒泉、膠東、湘西、海南、南寧，動員民兵人數至少三十萬人，有人更估計高達一百萬人，我方投擲的核武偵測儀始終未被這麼多的民兵發現，真是幸運。

奇龍複訓

民國58年11月23日，我們執行奇龍計畫的黑蝙蝠隊員奉命搭乘美軍C-130A軍機前往琉球的美軍Kadena基地做奇龍計畫的複訓，我們住在Kyoto旅館，我住401號房，這次時間不長，訓練了約一週，12月1日就搭美軍C-130A（機號6473）回到台北。

因核武偵測儀裡的電池壽命只有一年，到了第二年，美方又要我們再去原來的基地複訓，這次孫培震副隊長、王振中聯絡官、黃達新士官長、張漣漪士官長沒去，只有24名隊員前往。所以我們24名黑蝙蝠隊員，在庾傳文中校的帶領下，行經與上次任務大致相同路徑，於民國59年3月22日（星期日）先到台北，次日從台北松山機場搭乘美軍的Boeing 727包機赴菲律賓美國Clark

基地，晚上8時多，由該基地乘坐Trans International Airlines DC-8（機號J254）抵日本橫田機場，約停留四個小時後，於24日凌晨1時起飛，經美國阿拉斯加Anchorage機場，於23日當地時間晚上7時抵達加州Travis空軍基地，8時30分自該基地搭乘美國空軍C-130（機號715）軍機於9時50分抵Delta基地，我住過境人員宿舍B套房。

這次重返Delta基地熟悉C-130E飛行，準備第二次再投擲核武偵測儀，但更名為「金鞭計畫」。這次我們並沒有在Delta基地待多久，因為就在這時，美國已成功的發射了一枚軍事用途的人造衛星，替代了這些核武偵測儀，我們的任務也就取消了。所以回程就不再那麼隱密，美軍4月24日先送我們到舊金山Mourice Hotel，25日凌晨五時就搭乘灰狗巴士到Oakland國際機場搭乘Southern Air Transport於7時起飛的Boeing 727，10時抵夏威夷國際機場，停留一個多小時後，再經Wake島、關島，4月27日（星期一）下午5時30分自關島起飛，晚上約9時回到台北。我們一行24人又在深夜11點返回新竹家中。

圓滿的空投及敵情掌握的貢獻

在Delta基地，美軍教官告訴我，奇龍計畫的成功，遠遠超出美方的預估和期望，投下去的第一箱偵測儀離計畫的空投定點位置只差20呎，就是說，我們自美軍Takhli基地飛行了1,870浬或3,463公里，在空投定點投下的偵測儀離目標位置只差20呎；第二箱偵測儀的位置則差了5哩，我想這是我們為了要避開空投點小山的緣故，也算是相當準確。投下第二箱偵測儀後又飛了

1,585浬或2,917公里後安全返航，降落美軍清邁基地[53]。

這兩箱儀器蒐集情報資料及發報的情況都非常良好，過了一年電池壽命雖接近尾聲，但還是繼續在發報。教官也把整個航線的黑盒子資料播放給我們看，幾乎是完全照著計畫飛行，非常圓滿。雖然軍事用途的人造衛星替代了這些核武偵測儀器，但是一年前，我們那次任務還是相當重要，當時中共剛剛開始進行洲際飛彈的發展，美國透過偵測儀回傳的資料，掌握了第一手資訊，對於敵情掌握的貢獻，在當時是無可取代的。

再度空投偵測儀的任務取消後，到民國59年5月，我的C-130飛行時數已達312小時30分，總飛行時數已達4,636小時30分。

---

[53] 1海里（浬；nautical mile）=1.852公里（kilometer），1英里（哩；mile）=1.60934公里（kilometer），空軍對飛行速度及距離的計算慣用海里，長度、高度則用英尺（呎），但因一般速度及距離的計算多慣用公里，為使讀者易於了解，故在此處將海里、公里並陳。依據奇龍計畫領航官何祚明少校事後用百萬分之一的美國空軍空用航空航行地圖，再依照奇龍計畫航線各點經緯座標繪製航圖測算的航程結果為：自美軍Takhli基地起飛，到達空投目標之DZ點，航線距離為1,870浬，合3,463公里，或2,151哩。回程因儀表、裝備發生問題及剩餘油量安全考慮，傳訊至Takhli基地獲得指示，提前就近至美軍清邁基地降落，回程航線距離空投目標之DZ點為1,585浬，合2,917公里，或1,817哩。此地圖的比例尺雖不及奇龍計畫當時所用之空軍航行地圖精密，但誤差有限，仍不失為相當精準的測算。

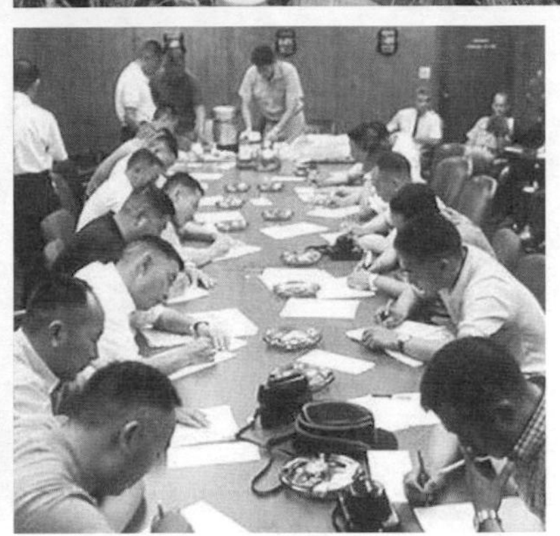

1：奇龍計畫順利達成任務，國防部長蔣經國在國防部召見組員，頒發勳章與獎金。後排右四為黃文騄、右五為領隊孫培震。

2：國防部長蔣經國親自在黃文騄胸前配戴寶鼎勳章，他右側為副隊長孫培震。

3、4：黃文騄（左一）由美籍顧問指導進行求生訓練。

5：黃文騄（右一）在奇龍計畫訓練期間與美籍顧問、隊友合影。左二為副隊長孫培震。

6：奇龍計畫全體受訓人員在沖繩美軍基地內寫家書，但大家心裡明白這其實就是遺書。

1：致贈美籍顧問紀念牌後合影。

2：民國58年5月4日，黃文騄從夏威夷搭乘美軍C-118飛抵Wake島，第二天飛往琉球嘉手納基地。

3：這架C-118A 53-230號機把黃文騄從加州載到沖繩，再到泰國，任務結束後又載黃文騄回台灣。

1 | 2 / 3

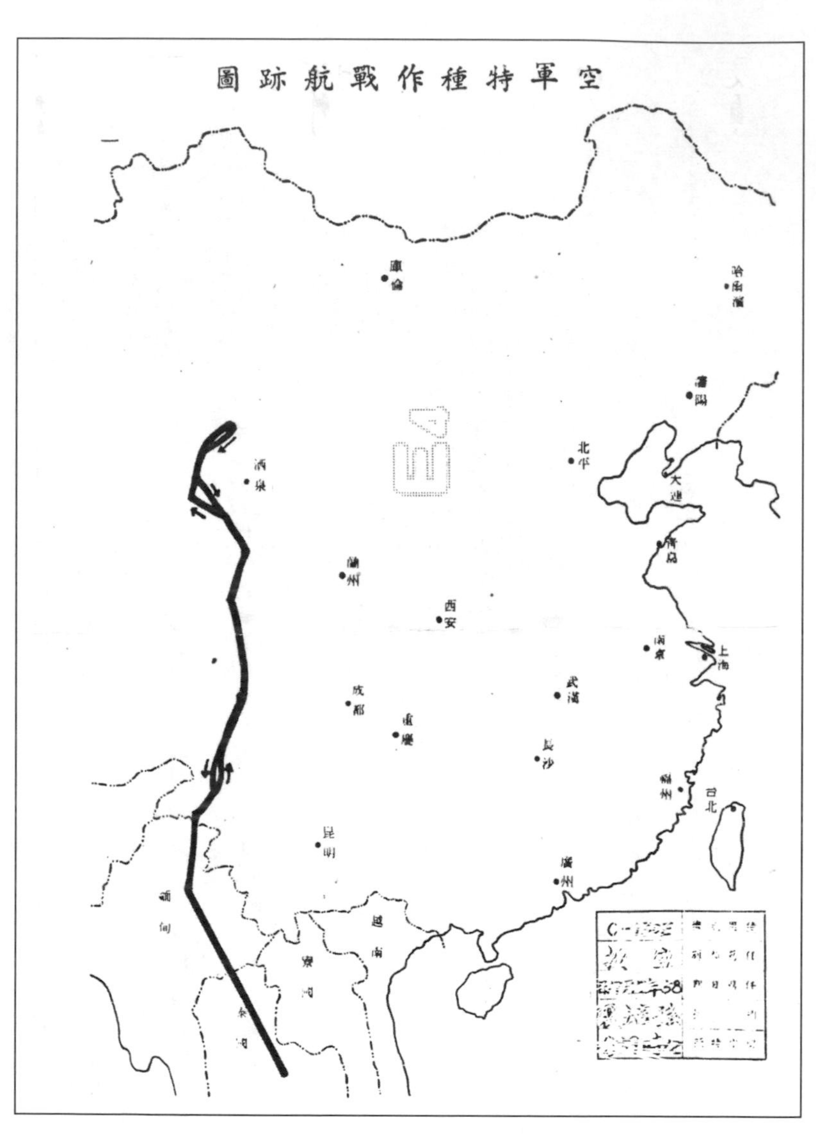
空軍特種作戰航跡圖
庫倫
哈爾濱
瀋陽
北平
大連
酒泉
青島
蘭州
西安
南京
上海
成都
武漢
重慶
長沙
福州
台北
昆明
廣州
緬甸
越南
寮國
泰國

奇龍計畫的航線圖。

UNITED STATES MILITARY ASSISTANCE COMMAND, VIETNAM
FIRST FLIGHT DETACHMENT (ATTN)
APO SAN FRANCISCO 96240

REPLY TO
ATTN OF: C　　　　1 October 1969

SUBJECT: USAF Outstanding Unit Award

TO: Huang, Wen-Lu

1. This will certify that in accordance with para 8-14f(1), AFM 900-3, you are entitled to permanently wear the United States Air Force Outstanding Unit Award presented to Det 12, 1131st Special Activities Squadron, for exceptionally meritorious service in support of military operations during the period 1 Jun 66 to 31 May 68 pursuant to Department of the Air Force Special Order GB-567 dated 1 November 1968.

2. I extend to you may sincere appreciation for your personal contribution to the success of this organization which aided immeasurably in obtaining this award.

William R. Waugh
WILLIAM R. WAUGH, Lt Col, USAF
Commander

2 Atch:
1. DAF SO GB-567
2. Citation
Cy: Personnel Records

CITATION TO ACCOMPANY THE AWARD OF
THE AIR FORCE OUTSTANDING UNIT AWARD
TO
DETACHMENT 12, 1131ST SPECIAL ACTIVITIES SQUADRON

Detachment 12, 1131st Special Activities Squadron distinguished itself by meritorious achievement in support of the United States advisory effort in Vietnam, from 1 June 1966 to 31 May 1968. During this period, while operating independently with extremely limited resources, Det 12 flew approximately 4,000 classified combat and combat support sorties in unarmed aircraft at low altitudes, in all weather conditions at night, over the most rugged terrain in Southeast Asia and under the constant threat of hostile ground fire. In spite of these hazards and battle damage sustained on numerous occasions, not a single aircraft was lost nor involved in an aircraft accident. This enviable safety record coupled with an outstanding utilization rate and operational ready rate stands in lasting tribute to the superior airmanship and skills of all detachment personnel. Extensive language and technical training programs were also devised and presented to counterpart crews during this period. These were imaginative, unique and earned Det 12 personnel an unprecedented recognition from participating foreign governments. The truly meritorious achievement of Detachment 12 is in keeping with the highest military traditions and reflects great credit on all assigned personnel.

1／2

1：美軍發給黃文騄的公文，指其終身具有配掛美國空軍傑出單位獎章的資格。

2：褒揚令：美軍文件說明第1131特種活動中隊第12分遣隊獲得傑出單位獎的理由，這個部隊名稱是對外使用的代替番號，實際上真正的名稱是研觀大隊第一分遣隊，在C-123時期主要由包括黃文騄在內的34中隊組員擔任各項任務。

李芝靜：第三個家（續）的家庭生活（1968－1970）

生了老三

文驄又出國受訓了，我們不像一般夫妻，婚後可以長相廝守，結婚半年，文驄來到黑蝙蝠中隊後，不是出差就是出國受訓，我雖不情願，也只有無奈的接受，好在我也習慣了。他在民國57年9月26日（星期四）中午離家，和隊友下午搭隊上巴士到台北，晚上住在關渡，也看看婆婆，第二天早上再和其他隊友一起出發赴美國受訓，受訓地點似乎離加州舊金山不遠，因我們的家書往返地址都是舊金山。反正他的事我也不想管，管也管不到，他只要說：「這是機密！」或者說：「我也不知道呀！」我再問也是白問，久之，我也就不問了。

我們在文驄赴美前已請好了協助我幫忙家事、照顧孩子的人，10月2日，戚媽來了，有人作伴、幫忙當然比自己一人輕鬆，偶爾把孩子交給戚媽，自己偷偷去看場電影，有時還帶著侃侃到吳倩珠家學織毛衣、勾毛線帽，我還勾了好幾頂分別送給母親、文芊及芝慮的孩子，前二者是在她們來玩時親自送出，後者是郵寄到美國芝慮那裡。

侃侃兩歲多了，也有了自己嗜好，除了愛拆玩具又裝不回來，被我稱為「破壞專家」；也愛上火車，玩具、童書、兒歌，只要與火車有關他都愛。因此，他會吵著要我帶他去看火車，我只好在上午珮珮到幼稚園上學後帶他到火車站看火車，火車一班班的來來去去，小小年紀的他居然可以聚精會神、目不轉睛地盯著看，讓我十分驚訝。

有戚媽的分攤家事，我就持續不段的讀進修研究所的基礎科目經濟學，也訂了英文讀者文摘，充實自己的英文能力。我和文騄依舊常常互相寫信，討厭的是文騄寄給我的信有時後寄先到，有時好久都收不到他的信，一來就是兩、三封，我會將孩子們成長的照片寄給他，至於他的來信照片就比較少，都是出遊的照片，讓我看了好羨慕，好想也能跟他去玩。

農曆新年又到了，戚媽幫我做了大掃除，我第一次向眷村太太們學做香腸、臘肉，因預產期就在新年前後，我不去台北過年了。我勾了已得心應手的毛線帽、買了旗袍料準備送給婆婆。文芊及大姑的先生在2月9日開了軍中吉普車來接孩子們到關渡過年，我把禮物交給文芊，珮珮高高興興跟他們走了，侃侃不願意去，但姊姊走了，他又無聊，吵著要和姊姊玩，14日他們又來接走了侃侃。

除夕，我在吳倩珠家吃年夜飯，大年初一（民國58年2月16日）下午，我們的第三個孩子黃可琦，小名小琦，在新竹空軍基地醫院順利出生。她出生前，文騄就已寄了一張卡片給小琦，卡片上是一個可愛女孩，所以我們都猜對了性別。因為適逢新年長假，所以母親、芝燕、觀德、李修能夫婦及眷村的太太們都來看我們母女。那時正流行「兩個孩子恰恰好」，所以眷村的太太們開玩笑的建議我們乾脆給她取個乳名叫「多多」，如果再生個老四就叫「太多」，就不用為給孩子取名字傷腦筋了。我們眷村的家庭多數是生兩個孩子，甚至只有一個孩子，像我們這樣連生三個的真的很少。

育兒窘態

文芊在3月2日把侃侃送回。3月10日，隊上的照相官楊少校特別來家中為我們拍照，我抱著小琦，侃侃站在旁邊，楊照相（我們都這樣稱呼他）說這是隊長的意思，這幾天有洋人會到文駼受訓的基地，照片要請洋人帶去給文駼。

3月17日，戚媽在小琦剛滿月就不做了，我有些心慌，特別請芝燕把侃侃帶到外婆家住幾日，讓我有點時間適應一下。芝燕告訴侃侃要帶他到外婆家看火車，這個小火車迷就愣頭愣腦的跟著阿姨走了，他從未在板橋住過。20日收到母親的信，說侃侃在板橋很乖，父親已經帶他到板橋火車站看過火車了，以後每天都會去，要我放心。那時母親要上班，芝燕要做家事，觀德正服兵役，我想到父親一生叱吒風雲，我們七姊弟父親連一個都沒帶過，現他在年事已高，卻因為我的需要而甘願帶侃侃，真是感恩莫名。23日文芊將珮珮送回，珮珮一回來，第二天我就送她到幼稚園上學了。28日珮珮過四周歲生日，我買了蛋糕，插上四根小蠟燭，邀了鄰居小朋友來玩，珮珮高高興興的過了生日。

這一段時間，我一直在請眷村中太太為我找幫傭，但不是找不到人，就是來的人做了兩、三天就不幹了，因為我們家不但有三個孩子，而且老三還是個小奶娃，工作環境太差，加錢人家也不來做，我真傷腦筋！芝燕在4月4日下午把侃侃送回來時，我連忙請她在我們家多住些日子幫我的忙。芝燕高中畢業後，和母親一同在社會局以約聘名義工作了一些時日，那時未上班，正與我未來的妹夫陳丕正先生交往中，丕正也曾讀過空軍官校，可惜未畢業。芝燕答應了我的請求，讓我稍喘一口氣。

4月10日老張用娃娃車來接珮珮去幼稚園時，侃侃也上了車，老張以為我知道，就把侃侃載到海星幼稚園去了，等我想到怎麼好久都沒看到侃侃，先在住家附近找，越找越焦急，還好幼稚園姆姆打電話來了，知道是怎麼一回事才放心。11日孟太太來上工，下午我將小琦交給她，和芝燕帶珮珮、侃侃去看電影，以為問題終於解決，誰知第二天她只做了半天，就說孩子生病不來了。15日又有一位袁媽來工作，我和她講定，用別家一倍半的工資僱她，請她一定要做久一點。芝燕住在我這裡無法約會，袁媽來了她就回板橋了。

母親因在台灣省社會局工作關係，需要在北部各地調查，以便核准清貧的家庭可否領救濟款、孤苦的老人可否住救濟院，她也有機會接觸到不同身分的人。有時她來新竹，調查完了也會突然出現在我面前。4月16日母親來了，剛好她要跟新竹縣政府的陳秘書見面，我就將醞釀已久的念頭告訴母親，我在家待得好煩，想上班當中學老師，再請人照顧孩子。母親將我的心意轉告了陳秘書，5月7日（星期三）我到離眷村不遠的光華國中面見校長，到了9日，陳秘書告訴我校長已同意下聘。10日，隊上行政長來通知說文騄及其他受訓隊員已快回來了，我真高興，我已經盼了好久，文騄終於快回來了！

一個驚駭的意外

文驊終於要回來的消息讓我興奮不已，11日是星期日，我帶珮珮、侃侃上街，給珮珮買了小洋傘，給侃侃買了一輛小三輪腳踏車，原來珮珮騎的車已在家中失竊時被偷了，快滿兩歲九個月的侃侃一直想騎小三輪腳踏車，已向我提過好幾次了。他有了車，每天不停的騎，自家前院騎的不過癮，經常要到後院外巷子去騎。

民國58年5月19日（星期一）上午，黑蝙蝠中隊所有到美國受訓的隊員家屬都得到通知，隊員們當天回來，隊上總是這樣，他們往返都是突然宣布。文驊從去年9月底赴美受訓到現在已經快九個月了，他加入黑蝙蝠中隊以來，無論出差或出國受訓，這是目前為止最長的一次。這些都不重要，文驊終於要回來的喜悅掩蓋了所有的抱怨！

可想而知，家家歡歡喜喜的忙著整理環境、準備午餐，我也不例外。等到中午還沒人回來，行政長又說上午宣布的意思是下午他們才會到。好吧！那正好再用下午時間把家裡打掃的更乾淨、菜餚準備的更豐盛。我和袁媽都在忙，兩歲九個月的侃侃就趁著沒人注意他，騎著三輪小腳踏車離家出走了。因為他是個火車迷，前面已經說過，只要是和火車有關的故事、圖片、模型、玩具他都喜歡，最愛聽我唱「火車快飛」給他聽，在唱歌前還要加上火車的鳴笛聲、啟動聲，他聽得更過癮，因他自己還唱不來。所以他不是離家出走，只是趁著沒大人管他，逮到機會騎著小腳踏車到南寮看火車去了。

等我發現侃侃不見了，先是自己騎著腳踏車去找、再是鄰居也騎著摩托車一起分頭找、然後是黑蝙蝠中隊的駕駛開著汽車，大街小巷到處找但都毫無蹤影，我急哭了，也不管做菜了，心裡想的是等見到文騄，我如何向他交代！

到了七點多，天都黑了，文騄他們還沒有回來，行政長協助我報了警，就在整個黑蝙蝠中隊的辦公室同事及眷村的媽媽們急的不可開交時，侃侃居然又騎著三輪小腳踏車，完成了探險之旅，高高興興的回來了，而且不用餵他吃飯，自己乖乖的把一大碗麵全吃光，然後睏極了，也等不及洗澡，穿著一身髒衣服就睡著了。第二天聽侃侃用他的辭彙描述了這一趟探險之旅，我們才正確的推算出他去的地點是南寮，荷商飛利浦公司的員工宿舍附近，那裡有一條運輸飛機用油到機場的鐵軌，偶有火車通過，從我家步行到該處約需30分鐘，沒人想得到他會騎到這條又遠、又偏僻的小路上，連我也沒有想到。

侃侃這一趟探險之旅長達四小時之久，真是有驚無險，他回來的正是時候，因為半小時之後，文騄及他的隊友就回來了，否則，可能連文騄的隊友也會跟著去找呢，妨害人家久別後的團聚，我就太罪過了。文騄的遲歸，是因他們回台後，空軍總司令晚上請他們吃飯的緣故。

專心育兒

珮珮見到文騄，當然立刻撲向他懷中，文騄也第一次抱到他還沒有見面的二女兒，小琦也對著爸爸笑，至於熟睡的侃侃，只被爸爸親了一下。文騄回來後興致很高，他休假一週，第二天下著雨，但他下午還是獨自帶珮珮、侃侃去看電影，又分好了禮物讓我送給鄰居。

到了5月24日袁媽又不做了，我也接到光華國中的電話，要我下週二去代課教英語，我連忙去找戚媽再來幫忙，但她沒空，又去找袁媽幫忙幾天，好在她答應了，就這樣，我代課到6月9日（星期一）。16日，袁媽又不做了。代課的經驗讓我體驗到請人幫忙做家事自己去上班，這在我是行不通的，孩子的成長只有一次，對我而言，陪伴他們成長，給他們妥善的照顧遠比我上班重要，我那時就決定下學期不接聘書了。我真的沒有應聘，不但沒去光華國中，連常常幫孩子診病，已成了我們朋友的黃醫官介紹我到新竹商職任教我也婉拒。

文騄回來之後，請人幫傭還是相當不順利，請的人往往做了幾天就不做了，台灣的國民所得日漸提升，新竹的工廠多，家庭代工也很容易，請人愈來愈難，所以我後來只請了一位阿巴桑幫忙洗衣，其他的家事自己都一手包了。到了6月30日，海星幼稚園放暑假，但孟光幼稚園依舊招生，所以這個暑假，我們這一排眷舍的媽媽們都把適齡的孩子送去就讀，左鄰右舍的李玟玖、朱維葳都去了，我除了珮珮，也把侃侃送去了，只需在家帶小琦，倒也可以應付。

有摩托車真方便

7月5日，文騄為我買了一輛我們商量已久的36CC摩托車。因我常常騎腳踏車，摩托車一騎就上手，但騎輕型摩托車仍需考照，所以我有時會到住家附近練習，後來又到監理所練S型轉彎，在尚未考照前就已經騎著摩托車去買菜、購物，比腳踏車方便許多。因沒有時間，過了大半年我才考了駕照，等有了駕駛執照，就不太騎腳踏車了，除了買菜、購物，騎摩托車最大用途是帶孩子看病，常去的小兒科有安生醫院、林逢沅醫院、林崧醫院及空軍基地醫院。小琦七、八個月能坐之後，文騄就在他的腳踏車前槓綁上一張小籐椅載著小琦，我則用摩托車前面載侃侃、後面載珮珮，全家一起出遊，我們常去的地方是動物園；假日有時則用同樣方式，到我們常光顧的新竹牧場門市部及美乃斯麵包店後面巷子去吃早餐。

文騄回來後飛行好像不太多，到了八月底，文騄在新房子趕了好幾天作業，九月初，他又到新房子去趕了幾天，當然我不知他去趕甚麼作業，只要他能多在家陪我、陪孩子我就滿足了。

九月底及十月初，台灣接連來了兩個大颱風，前院的塑膠棚及後院的竹籬笆全吹壞了，還沒修繕完畢，10月16日（星期四）文騄又出差了，反正他說走就走。我繼續監工後院的磚牆、水泥地及前院的塑膠棚，蓋好後不但後院圍牆牢固，前院塑膠棚下面加了紗門、紗牆（圍牆只有基層是磚砌的，上面用木條支撐，用紗覆罩），我稱它為「紗棚」，可防風、防雨又通風，還把後院的小鞦韆也放在棚內，成了孩子們雨天玩耍的地方。

文騄不在家的日子，那輛小摩托車更有用了，我把文騄腳踏車前的小藤椅綁在我的摩托車前坐，前面坐著小琦，後面坐著侃侃、珮珮，25日（星期六），我帶他們先到美乃斯麵包店買野餐，次日，我們又這樣到動物園去玩，動物園風好大，珮珮、侃侃玩得好高興，也頑皮的一身髒。

那時汽車貴，多數家庭的交通工具還是以摩托車為主，當時法律也未規定不能載這麼多人。有了摩托車，我不必擔心把任何一個孩子留在家，而在有需要時就載著「全家」外出，這是最方便的地方。

家庭主婦的假期

到了11月21日（星期五）下午，文駼、劉鴻翌、朱康壽及其他隊友又突然出差回來了，說是C-130有點事要做，不會在家待多久。22日文駼去上班，23日一早又走了，12月1日（星期一）下午兩點他就回來，快得超出我的預料，我也不管這是怎麼一回事，反正他在家我就開心。

趁著他有一週休假，我們全家去了關渡看婆婆，也到板橋看父母。年底到了，文駼12月28日（星期日）值日，兩天後他補假，他說他在家帶孩子，要我休息一下，隨便我怎麼用這一天都可以，我就用這天到圖書館去看了一整天書，沒有聽到孩子的吵鬧與哭叫聲，覺得好享受。謝謝他的細心！若家庭主婦算是一項職業的話，這種需要不斷付出愛心與關懷，而且全年無休的職業，偶爾休個假從育兒中抽離，實在是有必要。

民國59年的農曆新年

民國59年，新的一年開始了，元旦（星期日）上午全家逛動物園，用的交通工具就是我上面所描述的，又吃了午餐才回家。

下午我灌了香腸。次日，文騄仍休假，他做大早除，擦洗門窗，接著兩天，我擦地、洗前面的紗棚，甚至為了以後好清洗，還將地板打了蠟。1月30日我們全家回台北過農曆新年，我去年沒來，今年又多了一個娃娃一起回來。小琦最興奮，這是他第一次出遠門。我們第一站是板橋，見到了正在服憲兵役的弟弟觀德，聽他說他在總統官邸做外圍護衛的趣事，原來不僅是蔣總統的貼身護衛需要是總統的親信，就連他的外圍衛隊也是經過身家調查後慎選的。

晚上回到關渡，第二天全家到台北今日公司去玩，然後文騄回新竹上班，我們留在台北的幾天，珮珮、侃侃每天都瘋狂的和自強新村的小朋友玩，兩個人每天用浴盆洗過澡的水就像泥漿一樣。年初一拜完年，年初二婆婆過完生日，又和母親到今日公司看了國劇，2月15日文騄又來接我們全家一起回新竹。17日，小琦過一週歲生日，侃侃陪她吹一根小蠟燭，還唱生日快樂歌給她聽。

小琦週歲生日剛過完，文騄又要到美國受訓了，他18日下午離家，說先和隊友到台北會合再轉機赴美國，但20日文騄又回來了，說是改到星期日再走，能多留兩天我當然高興，當晚我們全家就到新房子去吃晚餐、看電視。3月22日（星期日）上午全家外出去吃早餐，然後文騄和我及孩子一一吻別又走了，這回走成了。

老大的五歲生日

文騄赴美受訓我們的生活並未受影響，3月26日珮珮、侃侃從幼稚園回來，帶了一張學校通知單，27日學校開始放春假，我想，這樣正好，過兩天就是珮珮五歲生日了，我何不請鄰居的小朋友來家裡玩，讓珮珮過一個熱鬧有趣的生日，有了這個念頭，次日我就請幫我洗衣的阿巴桑將我前面紗棚清掃一下，到了28日（星期六）我帶著珮珮一家一家的去邀請鄰居的小朋友，共來了14人，我準備好火腿蛋炒飯、沙拉、青菜、水果，吳倩珠還幫我炸了豬排。小朋友晚餐吃盤餐，每人各種食物各分給一份，然後又吃生日蛋糕，冰淇淋，大夥又唱歌、拍照、玩遊戲，熱鬧得不得了，珮珮和小客人都玩得好開心。小客人回去後，熱心的吳倩珠還過來幫我收拾，又聊到十點多才回去。

文驗和隊友的家書直到4月10日才被送到，眷村中有先生受訓的太太們已等得好心焦，這時才放下心來。文驗信上說，他和隊友還是在上次去過的地方受訓，要我不要懸念。17日上午抱著小琦和夫人們在我家聊天，晚上想看電視阿波羅13號降落地球的實況轉播，但實在太累，無法熬夜，只好放棄了。令人意外的是以為文驗這次受訓又要很久，沒想到25日行政長居然來通知他們很快就會回來，26日晚上快11點他們就到家了。我們躺在床上聊了很久，甚麼都聊，聊孩子、聊飛行、聊家事，就是沒聊他的工作。4月28日，文驗帶孩子，我才抽空去監理所考了摩托車駕照。

5月31日，一個星期日的晚上，我們全家上街晚餐，順便找中醫把脈，邱學雄醫師證實我又懷孕了，那天距離上次經期是42天。第二天，我和文驗商量，我們一致同意，不拘男女，都要將這個小生命留下來。

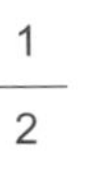

1
2

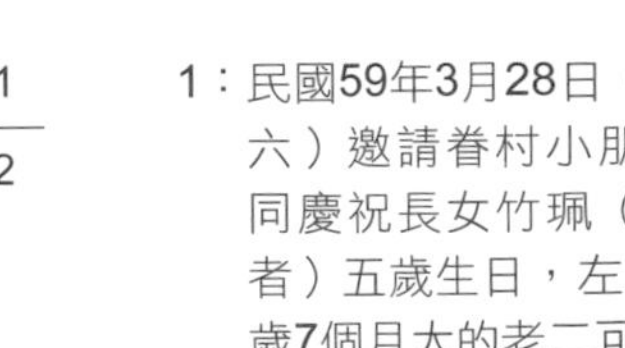

1：民國59年3月28日（星期六）邀請眷村小朋友一同慶祝長女竹珮（站立者）五歲生日，左二是3歲7個月大的老二可俠。

2：紗棚及著飛行裝的老二可俠。

第十章

黑蝙蝠中隊的解散

黃文騄：軍中生活（1970－1972）

在我於民國58年完成「奇龍計畫」之前，黑蝙蝠中隊飛行任務漸漸有了改變，不再以對中國大陸進行低空偵察為主，到了民國56年元月，全面停止對大陸的電子偵察任務，因越戰自1965年（民國54年）美軍增兵而情勢升高後，黑蝙蝠中隊的主要戰場已陸續轉移到中南半島，而改以協助執行美國中央情報局及美軍越南、寮國等地區情報蒐集、空投運補任務為主。在此也簡單敘述我執行奇龍計畫之後，赴美受訓及加入黑蝙蝠隊員在寮國執行「金鞭計畫」出任務的情形。

執行金鞭計畫

赴美國接受DHC-6（Twin Otter）飛行訓練

因空投偵測儀的任務已不需要再執行，所以到了59年5月中旬，我再度回到越南飛C-123，7月底回台後，繼續在新竹基地進行一般訓練及知更鳥任務訓練（即模擬貼近海岸飛行訓練），並未再去越南，民國59年12月我晉升中校。因任務性質的改變，我和劉鴻翌在已升任副隊長的庾傳文帶領下，於民國60年2月13日早上8時從新竹到台北，總司令召見後，14日下午2時從台北機場搭乘World Airways的Boeing 727（機號N692）4時抵達琉球Kadena空軍基地，在基地309大樓略事休息及晚餐，晚上8時又搭乘Trans World Airlines的Boeing 707（機號N18707）於15日早上8時30分抵達檀香山國際機場，起飛後於下午4時40分到美國加州Travis軍用機場，下午6時從該機場轉搭美軍C-130（機號715）飛機於7時許又回到Delta基地（空軍Site 51基地），接受DHC-6，也就是Twin Otter飛行訓練並洽商接機，以便與直昇機隊搭配在寮國出「金鞭計畫」任務。

2月18日起中央情報局以一架機號為N38779的DHC-6-200來訓練劉鴻翌及我，一開始是熟習性能及操作，接著是短場起降及領航，2月26日到28日三天則是夜間短場起降訓練，這段時間我共飛了24小時5分，之後就結束訓練。

回程搭乘美軍C-130（機號715）運輸機，3月1日下午3時從Delta基地起飛，到Oakland國際機場後換乘灰狗巴士，於下午5時40分抵達舊金山，住進Maurice Hotel，我住902號房，我們被邀至Clift Hotel，與接待我們的Travis基地Dablim中校、Lary、舊金山基地的Edward共進晚餐，以後的幾天，我到舊金山灣區Fremont二哥家小住，到了3月5日，我與劉鴻翌會合，上午10點多，我們搭乘小客車於12時到Fair Field，住進Town House

Inn Motel的265房，當晚與琉球美軍Kadena空軍基地的George Mokulis上尉、Richard Sexton中校、Thomas Collier Jr.中尉會面，共商DHC-6（Twin Otter）接機事宜。

3月6日早上8時，我們就從Fair Field附近的Travis軍用機場搭乘Trans World Air的Boeing 707（機號18709）於11時到夏威夷國際機場，中午12時30分飛機再度起飛，於3月7日下午5時抵達琉球美軍Kadena空軍基地，又住進309大樓218室，聯絡好交機及培訓的事。民國60年3月9日下午4時，自該基地搭乘Airlift Northwest的Boeing 727（機號N726）返回台北，當晚8時30分，乘坐隊上來接我們的車，於10時回到新竹。

民國60年3月15日開始，中央情報局從旗下的美航（Air America）調派一架機號N774M的DHC-6-300到新竹，由美國教官繼續訓練我們。這架飛機裝有雷達，可以在零能見度的狀態下從雷達幕上看到跑道。除了美國教官之外，庾傳文及王銅甲也參與訓練。訓練到5月27日結束，我們就把這一架飛機直接飛到寮國去執行任務了，另外還有一架機號555的C-123也一起飛過去。

熱帶叢林逃生訓練

這種Twin Otter飛機是加拿大de Havilland公司製造，裝了兩具渦輪螺旋槳，沒有增壓艙，不能飛高，可以搭乘二十人，但因具短場起降性能，適合在越南、寮國等小型機場起降，所以美國中央情報局才會選中這種飛機協助寮國特種情報人員之特種任務。Twin Otter組員有飛行官劉鴻翌、庾傳文，領航官何祚明、黃志模及我。

到了民國60年，直升機隊成立，等直升機隊的隊員到隊時，孫培震（已升任隊長）要我負責他們的生活管理，所以我跟這些隊員都非常熟悉。直升機隊員共12人，當時由美國教官到新竹基地來帶飛UH-1基本訓練，完成訓練後，由盧維恆、何祚明測試山區低空航線，然後才開始訓練全體組員。

訓練分成兩組，一組為陳逸民、林昭、安良、章經緯、楊蓉盛、徐金蓉等6位飛行官，負責飛S-58T直升機；另一組為謝錫塘、楊德輝、馮曉東、何俊德、馮海林、湯水易等6位飛行官，負責飛Hughes 500直升機，軍方的型號是OH-6，因為任務需要，Hughes 500後來改裝為H-500P。我們的計畫是直升機隊從寮國運送特勤人員到胡志明小徑附近完成特種任務後，再由Twin Otter空投補給特勤人員回到寮國邊境，我們再用直升機去接他們回寮國。

出任務之前，Twin Otter及直升機全體組員因應任務當地環境需要，須再加熱帶叢林逃生訓練。訓練時，直升機將受訓人員投放於新竹縣竹東的五峰山頂，需在山頂自謀生活兩週，訓練隊員獨自謀生能力，我也和大家一起接受此項訓練。我們運氣也真差，一開始就遇上滂沱大雨，兩、三天後雨勢方停歇。

寮國任務及生活

我們到寮國出任務時，都是自己駕駛Twin Otter從台北起飛，這種飛機還有一個性能就是相當省油，裝了283加侖的油，再裝了50加侖的副油箱，就可以從台北飛到寮國。

在寮國我們也沒有身分，上飛機就穿著台南亞航公司的工人制服，每個人手上拿著一個工具箱。黑蝙蝠基地在寮國百細

（Pakse）以北五、六哩的湄公河畔的地形陡峭獨立山頂上，使寮共游擊隊員無法接近，該基地的代號為PS-44。我自己飛DHC-6，也和飛S-58T、Hughes 500P直升機的隊員一同住在百細基地。雖然隊員一同住在百細基地，但在基地內的運作就互不相涉。

基地正確位置是在寮國東部接近泰國邊界、洞河與湄公河交界處，標高約4,000呎，基地內只有一條跑道，長1,200呎，而且是彎曲的，一頭是河溝，都是大石頭，另一頭是大叢林及懸崖，還好Twin Otter的飛機性能非常好，滑行時可以倒車再滑回來。

原本百細基地的小山上有幾戶人家，美國中央情報局人員裝神弄鬼把人家給嚇跑了，我們去了以後，就蓋了幾間木頭房子在那裡生活，除了我們，還有五、六十個地面游擊隊人員也在住在那裡擔任警戒。沒事時我們就對著林子亂放槍，直升機隊員打過山豬、孔雀，據說曾經有豹子出現過，那裡幾乎是無人的叢林，我們吃的菜、喝的水都是直升機運來，一週運三、四次，一次可以運四大桶水，洗澡水雖然是湄公河的濁水，但只洗一次澡，運送成本可能就要花上好幾百美金。

金鞭計畫任務的全面終止

後來，這個送寮國游擊隊人員到胡志明小徑的任務並沒有執行，原因是這些游擊隊組織都是美國中央情報局培養的，當時寮國政情十分複雜，有親共的、反共的、親美的、反美的，因此美國中央情報局培養的游擊隊員也常變節，士氣不高，而且游擊隊員一聽到越共就很害怕，又不團結，到了越南邊境，進去沒多久就往回跑。

我們在百細基地的時間是5月9日至5月24日，在當地也只做過各種飛行訓練，始終沒有出過正式任務。到民國61年1月8日，美國中央情報局以另一架機號N5562的DHC-6-300給我們進行訓練。我大部分的時間都是在新竹，幾乎都是做DHC-6訓練飛行。民國61年7月底，黑蝙蝠中隊終止「金鞭計畫」任務，在寮國所有人員回到新竹，我的DHC-6訓練則是在7月19日終止。

從民國60年2月開始到美國Delta基地接受DHC-6訓練，到61年7月訓練中止，我的DHC-6飛行總時數是160小時20分，總飛行時數是5,082小時50分，作戰飛行時間是792小時50分。

黑蝙蝠中隊解散

黑蝙蝠中隊在越南及寮國任務終止，和美軍自越南撤軍有很密切的關係，因越戰開始三、四年後，美軍傷亡慘重，而且美國也毫無勝利跡象，所以自民國57年前後，美國人民反戰情緒日漸高漲，迫使美國和北越進行和平談判，最後雙方在民國62年（1973）初簽訂停戰協定，美軍自越南撤軍。

民國62年2月，美軍自越南撤軍後，越南地區的任務也隨著越戰結束及政治因素介入而不再需要黑蝙蝠中隊的支援，民國62年3月1日，黑蝙蝠中隊亦宣告解散。解散前，空軍總部讓我們隊員自行選擇回到屏東六聯隊或調至台北專機中隊繼續飛行，我決定選擇調至台北專機中隊，民國61年11月2日（星期四）收到調職令，11月6日（星期一）到專機中隊報到上班，結束了黑蝙蝠中隊特種部隊長達8年9個月的飛行生涯。

1／2

1：慶祝第34中隊成立14週年酒會。

2：任務完成後在東大路宿舍與呂德琪隊長（第一排中坐者）、隊員及美籍顧問合影，最後一排中間站立者為隊員們在美國Delta基地受訓期間與他們形影不離的John。

1：在東大路宿舍聚餐。

2：與美籍顧問在東大路合影。

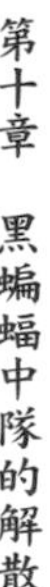

李芝靜：第三個家（續一）的家庭生活（1970－1972）

參加了只有夫人們出席的餐會

因為懷孕，身體再度不舒服，我煎了丘學雄中醫的水藥，服用後覺得舒服些，沒有像懷小琦時那樣的難過，但仍會嘔吐，因此這一段時間文驥也比較辛苦，分擔了不少家事。

民國59年6月6日（星期六）那天，中午在新房子有餐會，只邀請黑蝙蝠中隊全體隊員（包括所有軍官、士官）的夫人們參加，先生們則留在家帶孩子。我因身體還有點不舒服，想孩子交給文驥照顧，我在家休息也不錯，但文驥極力慫恿我參加，他認為外出散散心比在家休息更好。我去了，不但午餐胃口好，而且下午的餘興節目還中了Bingo，得了一塊衣料。隊上貼心的安排，當然是已注意到夫人們在先生們出任務時的擔心害怕、心中的煎熬，可能比先生猶有過之，先生們用這種方式表達對夫人們的謝意，也算是相當用心了。

過了兩天，端午節到了，我們本打算自己一家人安安靜靜在家過節，但毛鎂（文驥同學周有壬的夫人，見第八章的敘述）來了，在我們家住了兩天，我們陪她到關西去摸骨，那裡有一位赫赫有名的摸骨師，眷村好多太太們都去過，我們從來沒去，我們一家子陪她去，順便玩玩，但我們都沒摸骨。

增建臥室

8月10日（星期一）文騄又出差了，這時我的身體已恢復正常，對於他的來來去去也習慣了，15日（星期六），是黑蝙蝠中隊的隊慶，正好芝燕和她同事到我這裡來玩，我讓他們幫我帶孩子，自己還到新房子去參加慶祝活動，次日，我帶著珮珮、小琦和芝燕及她同事一起到動物園去玩。八月中旬，我又為珮珮、侃侃在海星幼稚園註冊，八月底幼稚園開學了，我輕鬆一點，文騄也在9月29日（星期六）回新竹。

他這次回來大約又待了兩個月，為了家中只有兩間臥室，三個孩子擠在一間小臥室，已經嫌空間狹小，何況老四又即將在次年一月出生，所以趁著文騄在家，我們將後院增建一間臥室、擴大了廚房。我每天帶著小琦在家中看著工人修建房子，一個多月，房子改建好了，多了一間臥室、一間飯廳兼廚房，還有一點小空間放摩托車。當時在眷村蓋房子可是一件相當方便的事，在軍方分配給每一家的土地、房屋上，可以任意修改庭院、新建房屋而不需任何單位的批准。

生了老四

民國59年11月25日（星期三）文騄又再度出差，回新竹已是次年1月5日，農曆新年的腳步又近了。因為我的預產期接近新年，所以並不打算到台北過年，我又灌了香腸，還跟趙巧雲學做豆腐香腸，也早一點做大掃除，當然，少不得又是文騄幫忙。

我們的小女兒黃可瑾是60年1月20日（星期三）上午出生的，那天尚未到預產期，文騄前一天在機場值日，我那天凌晨就覺得有些腹痛，但想到他在值日，不便找他回來，到了早上，覺得情形實在不對，才打電話給他，文騄匆忙找人代班，趕緊從機場開了吉普車回來，將我送到空軍基地醫院，不及一小時，小女兒就出生了，我們叫她小瑾。過了三天，醫官認為我產後情形良好，我就抱著小瑾出院回家，早已請好幫我坐月子的秦嫂這時才過來幫忙。

那年的農曆新年是1月27日，為了我坐月子方便，兩個大的已送回關渡，我們就和快滿兩歲小琦以及才出生一週的小瑾過了除夕及新年。這次比上次小琦出生那年幸運，雖然文騄2月2日又出差了，至少這次文騄還陪我過年；上次小琦出生，不僅文騄不在身邊，而且就連過年也是我自己一個人。

我給小瑾哺乳一週後，就發現哺乳時會疼痛，由文騄陪著去空軍基地醫院看醫生，醫官診斷我乳腺發炎，我就停止授乳而且服用消炎藥，但我的症狀並未因此好轉，文騄出差後我越拖越嚴重，後來還發高燒，一直拖到他3月16日回來，有人介紹我到王外科去診治，王醫師用細菌培養法讓我服用沒有抗藥性的抗生素，又動了手術，雙管齊下的治療，我在三月底才痊癒。

另類的母親節

因為我的生病，秦嫂答應幫忙到四月中。四月中旬以後，雖然少了秦嫂的協助家事，好在文駼還在家，他除了需在機場值日，其他時間只要在家陪孩子玩就是幫我忙。孩子都喜歡爸爸，因為媽媽會罵他們，爸爸不會；文駼每次出差或從美國受訓回來，總是大包小包的裝滿帶給孩子的玩具、各式各樣糖果，孩子看到文駼都好高興，對著她又親又抱，早已在孩子心目中建立了好爸爸形象。只要文駼在家，除了小瑾還小，不會往爸爸懷裡鑽之外，其他三個都爭著要爸爸抱。有一次，侃侃坐在文駼腿上，因為穿了一件外婆送他紅、白相間的橫條紋上衣，有一點像電影中的囚服，文駼說他：「你是丙級流氓！」侃侃不懂這是甚麼意思，但他也瞭解這不是好話，就指著他父親說：「你才是丙級流氓！」我在一旁哈哈大笑。

但文駼不能像許多其他職業上班族一樣，每天定時上下班，晚上享受全家歡聚的天倫之樂，60年5月9日，母親節早上，他又出差了。這是我第一次獨自帶四個孩子，我真的有些手忙腳亂，那天下午，珮珮在房內畫母親節卡片，侃侃在客廳聚精會神拆玩具，小琦不肯好好午睡，我怕她亂跑，又沒辦法看著她，因為我正抱著小瑾準備炒菜，就把小琦放在客廳的娃娃椅中，椅前卡了一張半圓形金屬桌面，讓她出不來，桌上再放了一個小玩具，心想這樣才能保證小琦不致因沒人照顧而發生危險，我才能安心炒菜。我炒菜時聽到小琦一面用小手拍打桌面一面哭，我從廚房大聲安慰小琦：「小琦乖！不要哭！等一下媽媽帶妳出去玩！」小琦依舊哭，我不管，繼續炒菜。過了一下，哭聲止住了，但異常安靜，我覺得不對，抱著小瑾到客廳一看，哇！不得了！小琦坐在椅中大便了，正摸了一手大便好奇的往嘴裡送呢！口腔期的娃娃這種舉動再正常不過了，但我怎能容許她這樣做，連忙制止，把小瑾放回小床，去幫小琦盥洗、更衣，再擦洗娃娃座椅，這回輪到小瑾哭了，但我哪管得了這麼多。

我就這樣過了一個母親節！那時母親節還不像現在，商店禮品琳瑯滿目、餐廳家家座無虛席，但我也有兩朵紅色康乃馨、三張母親節賀卡，因珮珮、侃侃各從幼稚園帶回一張自繪賀卡及一朵康乃馨，第三張是母親節當天珮珮畫的。我知道我有四個孩子，因此比別的媽媽忙，但這只是暫時的，等小琦、小瑾都大些了，我就會有四張母親節賀卡及四朵康乃馨，比別人只有一、兩個孩子的都得的多！而且每天都有四個人圍著我叫媽媽，多麼熱鬧，我喜歡！

稚子們啼笑皆非的言語與行為

這一趟文駼出差時間不長，5月24日就回來了。暑假過後，珮珮進了曙光小學，它和海星幼稚園一樣，都是同一個修女會辦的學校。因為珮珮讀了小學，侃侃及小琦和小朋友吵架時可神氣了，尤其是小琦，年紀小，和比她大的小朋友吵架吵不贏時，就會說：「我姊姊讀一年級！」言下之意是說，你（妳）不要欺侮我，我雖然吵不贏你（妳），但我姊姊可比你（妳）厲害多了，她會保護我的。

隨著時光推移，民國61年元旦又悄悄來臨，文騄有三天年假，我們留在新竹，年假最後一天，我們帶著四個孩子到動物園去玩，小瑾快一歲了，已不再那麼累人。我們全家站在猴子柵欄前的欄杆外觀看猴子有趣的動作，高過小琦的頭頂的欄杆對她完全失去攔阻作用，她不知不覺走到柵欄附近，靈敏的猴子一把抓住小琦的手臂作勢要咬，文騄也一個箭步快速的將尖叫的小琦扯回，還好，手臂只有幾條猴爪抓痕，有驚無險！後來我還回動物園觀察柵欄中猴子，猴子數目沒有減少，也沒有生病，我才放心。

1月16日（星期日）下午，文騄帶三個大的孩子去看電影，我帶小瑾在家睡午覺，誰知我剛睡著，侃侃竟獨自回來了。我連忙詢問原因，原來觀眾多，侃侃走失了，他找不到爸爸就從竹蓮戲院走回家。我大驚，看著尚在嬰兒床睡覺的小瑾，覺得即使她醒了頂多哭一哭，不會有危險，就火速騎上摩托車帶侃侃回到竹蓮戲院，果然文騄也正焦急的在找侃侃。那時我才知道，原來兒童的記憶力這麼強！侃侃兩歲多及五歲多都能正確的認路回家，應該是每個正常兒童都有此能力，只是大人不知道，也不信任孩子而已。

小瑾在一歲多牙牙學語時，每當哥哥姊姊了犯錯，例如：打翻了牛奶、破壞了玩具等，我會問：「是誰做的呀？」這時會有一個稚嫩的童音搶著說：「細（是）我！」哥哥姊姊了解如果承認了，會被我責備，只有蒙昧無知的小瑾認為這是練習說話的好機會，才會立即回答。

老二演出的驚魂記

1月20日，小瑾在三個兄姊唱著生日快樂歌中過了一周歲生日。雖然四個孩子仍然輪流生病，但我知道，隨著孩子們漸漸長大，免疫力日強，我跑小兒科診所的日子會慢慢減少，這一天遲早會來到。

2月14日（星期一）是農歷年除夕，我們那天早上先帶小瑾到林崧小兒科看過病後才坐火車到台北，再從台北火車站坐淡水線小火車到關渡，這也是小瑾第一次到台北過年。照例年初一拜年，年初二客人來關渡為婆婆祝壽及賀年，年初三，也是小琦三歲生日，婆婆、文験及我帶四個孩子趁著天氣好，到忠義廟及附近的公園去玩，也留下可堪回憶的照片。20日，我們帶三個孩子回新竹，只有侃侃留下來。

2月25日（星期五）晚上，文験到台北有應酬，次日下午帶侃侃回新竹，哪知在台北火車站侃侃又演出一場驚魂記，文験找了一個定點，要侃侃不要離開，看好裝著盥洗衣物的小提袋，等他買好火車票再來帶侃侃回新竹。可能買票的人多，文験排隊好久才買到票，回到要侃侃等待的定點，竟然見不到侃侃，小提袋也不在了。文験這一驚非同小可，火車站旅客這麼多，要到哪裡去找！他慌張的、茫無頭緒的到處找就是不見侃侃的蹤影，正急得像熱鍋上螞蟻，突然聽到鐵路警察局的廣播，說有一小男孩走失了，請家長前往認領。文験連忙趕到火車站鐵路警察局的服務台，沒錯，正是侃侃！原來侃侃久等文験不來，他還謹記爸爸吩咐他的話，就提著小提袋去找爸爸，站內那麼多人，怎麼可能找得到，侃侃靈機一動，他記得我們常在火車站某處叫計程車，就跑到那裡叫了一輛車，告訴司機他要到新竹，而且說出了地址。司機當然不會聽他的，就把侃侃送到鐵路警察局服務台去了。好心的司機！沒留下姓名、地址，倘若遇到一個存心不良的司機真是不堪設想，直到現在，每想到此事，我還是感謝他。

爸爸正常上下班的日子

自從文騄民國60年5月底出差回來後，除了在新竹熟習飛行，沒有再出差了。有一次，他的飛機飛得好低，我抱著小瑾坐在前院看得清清楚楚。有人住在機場邊會嫌飛機引擎聲太吵，我和孩子們正好相反。聽到飛機引擎聲，我們都會抬頭看，我還會指著飛機對孩子們說：「看！爸爸在開飛機！」一面想可能就是文騄在駕駛那一架飛機，好有親切感。

因為他正常上下班，到了小瑾一歲多，可以自己走一點路了，我們就常在每週唯一放假的星期日全家出去玩。新房子不算，那是一個晴天、雨天皆可去的地方，若是文騄在新房子值日，我們更是常常去。其他我們常去的地方有十八尖山、古奇峰、動物園，有時還會從十八尖山轉到清華大學。此外，民國61年5月28日我們帶孩子們到南寮海邊戲水，四個孩子都去泡海水，兩個大的還不肯上來；8月22日，我們也曾帶孩子們到青草湖，文騄及我各划一艘小船，孩子們分坐我們船上，在湖心泛舟也很有趣；9月3日，我們在獅頭山玩，早上8點多叫了計程車，9

點多到了獅尾峨嵋登山口開始爬山，11點多到了山頂望月亭，每個人都爬得氣喘吁吁，有遊客看到走在我前面的文騄牽著小瑾，不禁驚訝的歎道：「這麼小的孩子，怎麼上來的！」我跟在後面，立即回答說：「抱上來的呀！」的確，多虧文騄，高大的身材，孔武有力的膀臂，才能一路將小瑾抱上山。有了他，才能使我們一家六口，無論到哪，都可全家出動。

民國61年9月以後，侃侃在海星幼稚園畢業前，通過了曙光小學的保送考試，也繼珮珮之後升入小學，小琦也進入空軍子弟小學附設幼稚園讀小班。我們沒有把她送入哥哥、姊姊曾就讀的海星幼稚園，是因我們眷村住在同一排的小朋友都升入曙光小學，已經沒人和她作伴了，何況空小幼稚園離我們家近，早上我抱著小瑾送小琦去上學，中午也會牽著小瑾到幼稚園去接小琦，我一面牽著小瑾，一面會唱：「走走、走走走，我們大手牽小手！」小瑾習慣了這種作法後，只要想讓我牽著她到屋外去玩，就吵著「走、走、走」。

小瑾漸漸長大，小琦有半天不在家，珮珮、侃侃一整天在學校，我可以自行運用的時間多了，我起先是和吳玉翠（庾傳文的夫人）一起向外籍老師學英文會話，後來又和一位十一大隊飛行官的夫人孟春生一同到天主教修女辦的「華語學院」報名學英文，通過聽力測驗我被編入第二組，班上同學大多在企業界工作，每週一、四晚上上課，從十月初上到次年一月底，我要求年輕的美籍修女Barbara教我英文寫作，所以我每一週交一篇作文，她也認真幫我修改。

民國61年11月2日（星期四），文騄調職專機中隊的命令發表了，在這之前，他曾向我透露，美國不再需要他們在中南半島替美國人做任務了，所以他將調職，軍方要他們在台北專機中隊或屏東空運部隊之間二選一，他想選專機中隊，台北學校好，對孩子念書比較有幫助，我也同意，何況台北離我們雙方的家也都

1 | 2

1、2：長子可俠攝於黑蝙蝠中隊宿舍「新房子」大門，可俠腳旁的磁獅子共有兩隻，分立於大門兩側，是衣復恩將軍從泰國帶回來的。民國60年10月。

近。到了6日，文騄就到專機中隊報到上班了。因為孩子已熟悉目前的學習環境，我們決定暫不搬家，等他工作安定了，孩子們念書也告一段落後再搬家。從此，我們又過著分居兩地，他週末才回家的日子。

民國60年10月，黃文騄與李芝靜、長女竹珮、長子可俠及9個月大的老四可瑾（芝靜所抱者），次女可琦那時被接到外婆家去了。攝於34中隊（對外稱為西方公司）宿舍「新房子」後院。

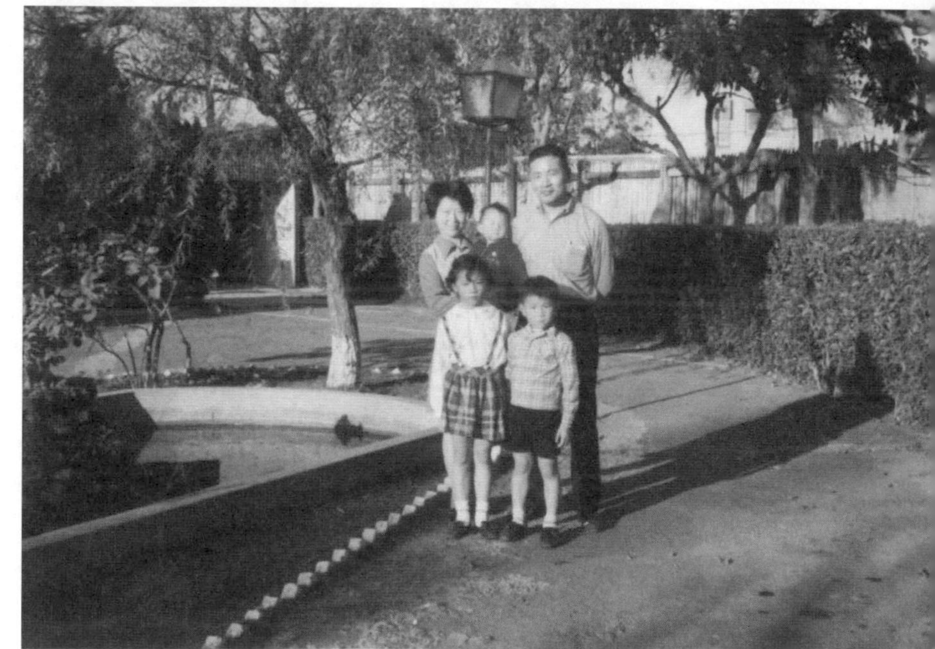

第十一章

總統座機組與退伍

黃文騄：軍中生活（1972－1987）

調至台北專機中隊

民國62年，黑蝙蝠中隊宣告解散之前，空軍總部讓我們隊員自行選擇回到屏東六聯隊或調至台北專機中隊繼續飛行，我想為了孩子求學，還是在台北較好，所以就選擇調至台北專機中隊，民國61年11月6日（星期一）正式在專機中隊報到上班，與我同時調職的隊友有劉鴻翌、王銅甲、何祚明、黃志模。我調職專機中隊時，兩個大的孩子已就讀新竹市曙光小學了。為了不增加孩子轉學後再適應新環境的困難，芝靜和我就決定她和孩子們仍留在新竹。

專機中隊顧名思義是有別於空運部隊的，空運部隊的主要任務以運送補給品及飛行軍中班機為主；專機中隊則是提供政府要員、軍中高階軍官特定任務的特殊需要，例如，總統至其他縣市瞭解民情、行政院長出國訪問、參謀總長至部隊視察等，方可搭乘專機。

剛開始時我先飛C-47，第一次飛行是民國61年12月20日，C-47的機號是16197，從松山起飛落花蓮，再從花蓮返回台北，帶飛的是宋宏森，他是三十五期的學弟，也曾在黑蝙蝠飛C-123在越南出任務，但比我先調至專機中隊，同機飛行的還有方士拔及王銅甲。接著12月26日、27日、28日三天繼續由宋宏森帶我們訓練飛行。民國62年1月起雖然仍是訓練飛行，由不同教官帶飛，而且同機接受訓練的新進隊員也不盡相同，但偶爾也參與軍中長官及政府要員接送專機飛行任務。例如，1月11日王銅甲及我除了繼續接受C-47飛行訓練，由桂務真教官帶飛，也同時送國防部陳應元助理次長從松山基地到嘉義、花蓮再回松山基地。訓練到民國62年2月10日為止，2月20日開始，我已經開始非訓練任務了，第一次的任務是和宋宏森飛俞柏生副總長的專機，從松山機場起飛到岡山，再從岡山回松山基地，我擔任副駕駛，來回共飛行2小時30分。

民國62年4月以後，我有些C-47任務已擔任正駕駛了，但仍以副駕駛較多；民國63年以後，擔任正駕駛居多，偶爾也擔任副駕駛；同年4月後，我都是正駕駛，也擔任新機試飛。

自調入專機中隊，從接受C-47訓練開始，每個月大約都飛行6至10次。我飛過軍中許多長官的專機，例如：總政治作戰部主任王昇、參謀總長賴明湯、副參謀總長雷炎鈞、陸軍總司令于豪章、海軍總司令宋長志、空軍總司令陳衣凡、聯勤總司令鄭為元、供應司令陳建邦、防砲司令劉世傑、作戰司令姚兆元、警備副總司令李碩、督察長董啟恆等長官都多次坐過我駕駛的專機；飛過民間團體專機，例如：台視及中視勞軍團、立法委員、監察委員專機；也飛過國外貴賓專機，例如：泰國海軍後勤總司令、韓國海軍艦隊司令、美國New Hampshire州長、美國國會助理專機。此外，我也飛過多次台金班機。

黑蝙蝠中隊與專機中隊不僅任務不同，兩個單位的組織文化也不相同，因為前者是特種作戰部隊，講求的是團隊合作以達成特定任務，所以隊友間沒有明顯階級之分，隊友間感情、默契良好，親如家人，除了訓練及出任務，隊上很少有政治、思想等相關課程；後者是提供軍中高階軍官、政府要員特定任務的運輸需要，隊員間的關係多依軍中常規，為了維持軍中倫理，階級間、職位間的尊重是有必要的，也會和其他軍種一樣，有莒光日、政治課等。專機中隊隊員間的關係也相當良好，但總覺得少了一點真誠，可能是專機中隊沒有作戰任務，隊員間少了冒險犯難作戰任務中建立的情感吧！

王昇上將還擔任國防部總政治作戰部主任那些年，每一年春節後他都會安排並主持專機中隊的春節聯歡會，專機中隊隊員及眷屬全體出席，有歌唱、表演、摸彩、發禮品等活動，王將軍還發紅包給小朋友，連專機中隊的空中小姐也排隊領取。聯歡會的氣氛雖然歡樂，但難免有演講、歌功頌德、刻意營造的親密氣氛，和黑蝙蝠中隊隊員及眷屬間，自然而然凝聚的親如家人氣氛是不同的。剛開始我還不太習慣，但久而久之，也就適應了。

我飛C-47一段期間之後，從民國63年10月起偶爾也飛C-54，主要是台金班機。在專機中隊C-47教官訓練完成後，我也從事新進飛行官日間、夜間本場、外場訓練。教官訓練完成未及一年，我與黃志模一起調督察室任考核官，主管飛行官技術考核。我除了從事飛行官飛行技術定期鑑定考核及完訓鑑定考核，任內也建立飛行官術科考核標準作業程序，及學科各科筆試題庫。

任總統座機組組長及退伍

民國65年4月20日我開始Boeing 720B中美號專機飛行訓練，首次飛行是先由總統座機組組長譚志為及我將一架C-47飛至嘉義基地，周永隆、賴尊寧兩位教官隨行，當時周永隆教官是松山基地指揮部副指揮官，再由他們三位教官用Boeing 720（編號8351）在嘉義基地本場帶飛，訓練飛行結束，我們再飛原來那一架C-47回松山基地，那次我共飛了2小時20分。23日、26日、30日又這樣接受訓練三次，每次都是周永隆、譚志為、賴尊寧三位教官同機帶飛，但主要帶我飛行的是譚志為組長。到4月底，我C-47的累積飛行時數為869小時15分、C-54的累積飛行時數為124小時5分、Boeing 720的飛行時數為9小時35分。

民國65年5月至7月底，我繼續以上述相同方式，在嘉義基地接受周永隆、譚志為、賴尊寧三位教官帶飛，同年7月，我已調入松山指揮部的總統座機組，這時仍然飛C-47，但不飛C-54。民國68年10月，任總統座機組組長。

當我在接受Boeing 720B訓練時，老總統蔣中正先生過世了，所以我在座機組飛行時，只擔任過嚴家淦、蔣經國兩位總統的駕駛，尤其是蔣經國總統，經常馬不停蹄的走訪各地，瞭解民間疾苦，也與市井小民聯絡感情，我擔任總統座機組長的六年間，坐我的飛機的次數可能高達六百餘次，我不管歷史學家對蔣經國先生如何評論，就他勤跑地方的行為來說，我認為他真是一位勤政愛民的好總統。此外，當年的行政院長像是孫運璿、俞國華等都坐過我飛的Boeing 720B中美號專機。

芝靜常笑我是「晏嬰的馬伕」，因為春秋時代齊景公的宰相晏子身高不滿六尺，卻是一位虛懷若谷、名揚青史的宰相，他的馬伕身高八尺，駕起車來卻是神采飛揚、得意忘形，因當時蔣經國總統的身材短小，而我的身高卻接近180公分，所以芝靜以這個典故提醒我，別當了蔣經國的座機正駕駛，就像晏子的馬伕一樣得意洋洋。我知道這只是芝靜的一句玩笑話，但我也時時引以為戒，檢討自己做人處事的態度。

後來，我升任松山基地上校政治作戰室主任，民國75年6月調松指部副指揮官，最後調空軍總部情報署擔任組長，我在情報署時偶爾還會回去試飛Boeing 720B，在空軍最後一次飛行是民國76年4月28日。此時我的Boeing 720B飛行累積時數為1,988小時20分、C-47飛行累積時數為3,292小時35分、C-54飛行累積時數為124小時5分，總飛行時數為10,560小時50分。

最後我升任空軍總部情報署副署長，任內晉升少將，於民國76年6月自空軍退伍，結束了三十六年的軍旅生涯。

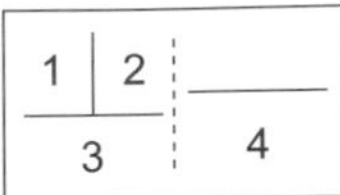

1：黃文騄督導亞航的總統專機維修作業。
2：黃文騄在亞航檢視波音720的起落架結構。
3：黃文騄將軍接受波音720總統專機（中美號）訓練，與組員合影。
4：台南的亞航負責維修波音720總統專機，告示板上貼出的是歡迎譚上校（左後排三）及其組員的字樣，左後排二為黃文騄。當時亞航還是隸屬於美國E-System公司。

1	2
3	4

1：C-47運輸機48806號機是著名的「美齡號」專機，機身下方特別抛光，與其他C-47專機不同。

2：黃文騄駕駛總統專機中隊的C-47運輸機。

3、4：黃文騄在波音720總統專機中美號駕駛艙留影。

1 | 2
3

1：黃文騄步出中美號專機機門，此時已升任少將。
2：準備著陸的波音720中美號專機。
3：黃文騄在座機組任職期間曾經當過嚴家淦與蔣經國兩位總統的駕駛，圖為民國67年5月10日座機組組員與即將卸任的嚴總統合影。

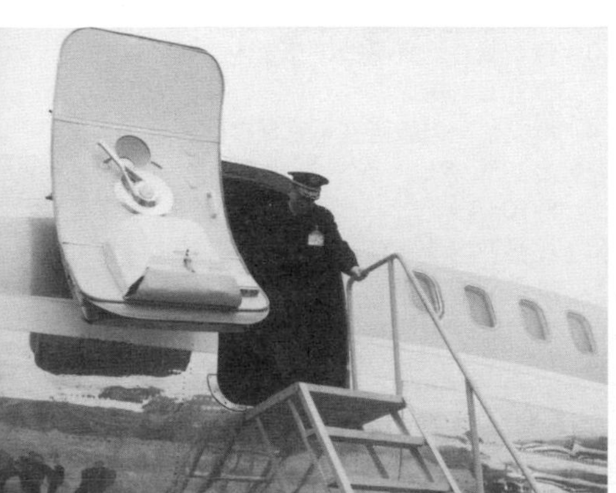

1	
2	3
4	5

1：黃文騄在波音720總統專機正駕駛席位上留影。民國74年1月16日。

2：黃文騄在總統專機中美號內留影。

3：黃文騄在總統專機中美號內與國空軍官員合影。

4：黃文騄陪同韓國空軍官員參觀清泉崗空軍基地，背景為第八中隊的F-104A。

5：民國74年1月16日攝於波音720中美號專機內部。

1	
2	3
4	

1：政戰學校飛行政戰軍官第三期結業典禮。

2：黃文騄擔任松指部政戰室主任與同仁進行講習。

3：陪同松指部指揮官校閱部隊。

4：黃文騄當選民國75年英雄楷模，接受獻花。

1
2
3

1：黃文騄在總統座機組隊徽之前與同仁講話。
2：黃文騄擔任情報署副署長任內於民國76年參與中韓情報交流會議。
3：黃文騄參與中韓情報交流會議。

1 / 2 / 3

1：升任少將後，由陳燊齡總司令致贈蔣經國總統玉照。

2：與空軍總司令陳燊齡將軍合影。

3：黃文騄空軍少將戎裝照。

李芝靜：第三（續二）及第四個家的工作與家庭生活（1972－1987）

第三個家（續二）的工作與家庭生活

換了重型摩托車

文駱在民國61年11月調職台北後，我去上英文課的星期一、四晚上就請幫我洗衣的阿蘭來照顧孩子，到了62年1月22日，我上課也結束了，就專心在家帶小孩，也教就讀小二及小一的珮珮及侃侃功課。孩子們及我都最期待文駱星期六回家，偶爾文駱星期五晚上提前回來，全家都興奮異常，孩子們本來九點就要睡的，這時就會拖到十點多。

民國62年一月底，文駱買了一輛本田80CC的重型摩托車，孩子漸漸大了，原來的36CC摩托車已不敷使用，我也在3月30日（星期五）又到監理所考了車試換了重型駕駛執照。這輛車依然是我們的全家座車，偶爾有必要，我還是會一輛車載四個孩子。這時我和孩子們到關渡的次數減少了，主要是農曆春節及暑假才往台北跑，因為珮珮、侃侃已就讀小學，需要時間寫作業、學彈鋼琴、繼續學繪畫。

老三及老四成長紀實

小瑾在兩歲左右氣管發炎嚴重時會喘，我很緊張，看她喘時會咳得吐奶，晚上發出咻咻的氣喘聲使我無法入眠。我帶她到林崧小兒科去打血清、鈣針；打了針，看她哭得好可憐，我會在林崧小兒科隔壁糖果批發店買一包小長條餅乾裹上巧克力的「可口巧果」安慰她，到現在可瑾還記得這事。我遵守林醫師的囑咐，夏天給她洗冷水澡、到機場旁游泳池泡水、用乾毛巾擦她的背，擦到發紅為止，以便增強她的免疫力。到了5月19日，我又聽人介紹給她服用中藥藥丸配上蜂蜜，同年秋天及次年春天，她的氣喘發作已漸漸改善。

孩子們都很喜歡來到自強新村，因為玩伴太多了，而且家家沒有圍牆，不用按電鈴，在門口一叫，玩伴就出來了。這裡充滿他們兒時歡笑的回憶，小瑾也會跟在哥哥、姊姊們後面瘋，這一年農曆春節年初三及8月24日共有兩次不小心滾進溝裡，弄了一身臭泥。後來大一點，走路比較穩了，就沒有再發生此事。

小琦很喜歡唱歌、跳舞，我抱著小瑾帶她到鄰居家串門子，當我們這些太太們聊得開心沒人聽她唱歌時，她會說：「你們不要講話！」我們一愣，她見沒人講話了，就開始唱她不知在那裡學會的流行歌曲，唱完，我們還得拍手，她才滿意。6月30日（星期六）小琦在俱樂部歡送空小幼稚園小朋友畢業典禮上表演採茶舞，她穿著原住民服裝，站在前排中間，和其他小朋友認真地跳著，文騄為她拍照，當台下觀眾目光、掌聲都集中在她身上時，我可以感到她的得意。

全家坐飛機出遊

專機中隊規模比黑蝙蝠中隊大，資源也比黑蝙蝠中隊多，所以會安排全隊坐飛機出遊的聯誼活動。民國62年7月29日（星期日）我們全家坐飛機遊花蓮，早上六點多從關渡出發，從松山機場到花蓮機場，再換大巴士到太魯閣、天祥，孩子們都玩了水，還參觀大理石工廠，下午不到五點就回到台北，孩子們都玩得好開心。

次年8月17日（星期六），我們全家從松山機場搭屏東六聯隊的交通機到屏東，去拜訪文騄同學葉叔平及其他朋友，也到大貝湖（現已更名澄清湖）去玩，20日仍搭交通機回新竹。

家人間互動瑣記

民國62年7月21日（星期六）晚上，文騄及我在喜臨門吃芝燕及陳丕正先生的結婚喜酒，他們戀愛多年終於開花結果，結婚後芝燕搬出大庭新村與夫家同住，不久移民美國紐約。同年12月1日（星期六）我們全家及婆婆都到萬壽樓為爸爸慶祝七十大壽，芝德、芝定、芝燕也都全家出席，還有好多多年不見的親友也都在壽宴上見到了。這時觀德已服完兵役，正就讀文化大學觀光系，他畢業後也赴美留學，家中只剩父母住在大庭新村。

民國62年9月4日（星期二）曙光小學開學了，侃侃那天下午學會騎腳踏車，我們買給他的是24吋車，侃侃很有興趣，再過十天，他連我們的26吋大車也能騎。到了次年七月初，珮珮也學會了騎車。是否男女從小就有差別？

民國63年2月17日是小琦五歲生日，恰巧是星期日，我們也請了小朋友來家裡午餐，下午小朋友又繼續玩吹氣球、喝紅豆湯、吃生日蛋糕，文騄也為小琦拍照留念。

老三及老四出意外

民國64年2月24日（星期一）是元宵節前一天，我正在家做芝麻及豆沙湯圓，小琦放學後自己跑到樹人幼稚園（即原來的空軍子弟小學幼稚園，那一年更改名稱）去溜滑梯，她倒著溜，結果摔破了頭，流了一脖子血，自己哭著跑回家，我嚇壞了，連忙騎上摩托車帶她到空軍基地醫院去縫傷口，又打了破傷風，回家幫她擦頭髮、洗澡、洗衣，忙到八點多，晚餐則延到九點多。次日，孩子們又快樂吃湯圓、提燈籠，小琦也參加了。

無獨有偶，10月6日（星期一）早上七點，小瑾在後門外水泥路上騎前面一排眷舍鄰居小娟的小腳踏車，轉彎時車翻了，剛好撞到溝邊的稜角，流了不少血，傷口又深又大，當然又是連忙到空軍基地醫院去縫合傷口，醫官縫合時，我都不敢看。當日小瑾雖然沒去上學，可是照樣在家頑皮，似乎已忘了摔倒及縫合的疼痛。現在可瑾頭上還有一個半圓「月亮」長不出頭髮。

老三及老四入學

民國63年7月，文騄及我曾考慮是否讓不足六歲的小琦就讀載熙國小，因曙光小學只收六足歲兒童，後來還是決定先讓她去讀海星幼稚園大班。民國64年9月，小琦也和兄姊一樣進了曙光小學。那年9月，小瑾三歲半，也被送入樹林頭住家附近的樹人幼稚園。10月10日她也拿了一面小國旗遊行幼稚園一周，十分神氣。

民國64年8月16日（星期六）我們全家到新竹機場的棚廠去參加黑蝙蝠中隊隊慶，這裡我還是第一次來，覺得新鮮有趣。因為以前這裡對我們眷屬而言是禁區，文騄說連空軍總司令都不能進來。

用愛縫製冬衣

這年冬天，我跟吳倩珠學織花式毛衣，為小瑾織了一件紫色金錢花的高領毛衣，因她到了冬天頻頻咳嗽偶有氣喘，商店買不到這款高領毛衣，這件衣服對她有保護作用。後來也為小琦織了一件，是拆了舊毛衣再加長的。為珮珮用縫紉機縫了一套睡衣，為侃侃縫了牛仔夾克及牛仔褲。次年又為小琦、小瑾縫長褲，我能做這些自然而然就會想到我的母校北一女，我真的認為江學珠校長的教育是成功的。還有，也是因為孩子大了，我在自修之餘，也有時間可以把給孩子做衣服當消遣。

在曙光女中任教

民國64年8月19日，曙光女中夜間部沈安民主任來我家找我，要我在該校夜間部教商職部高三的統計，而且22日（星期五）就開始教。我已將履歷交給曙光女中姚景如校長（師生都叫她姚姆姆）兩年了，我跟姚姆姆說我的兩個孩子都讀曙光小學，還有一個也讀海星幼稚園，我以家長身分長年支持曙光中、小學，如果我到曙光女中任教，一定會認真教學、愛護學校，連說兩年，終於讓姚姆姆對我有了印象。因為這幾年我都在複習以前所學，所以覺得教統計沒有問題，就一口答應了。那年我已35歲，我想再不去上班以後恐怕也沒機會了。

從此我每週五及六晚上都到曙光女中上課共8小時，若民國58年在光華國中的代課兩週不算，此時開始了我中斷十一年的教學生涯，這還只是兼任而已。為了怕小琦、小瑾還小，晚上媽媽不在會吵鬧，所以買了一大堆零食，例如乖乖、筍豆、瓜子、口香糖、水果、酸梅，還請了鄰居小朋友及太太來家裡，一面孩子有玩伴，一面鄰居太太也幫我看小孩。

民國65年9月開學後，我又接了日間部的商用算術，還是兼任，沒課可以在家陪孩子，頗適合我當時情形。兼任兩年後，直到民國66年9月，我又多加了一門貨幣銀行，成了曙光女中商職部專任老師兼導師。

民國65年5月，我在弟弟觀德的協助下，找到一位就讀政大國際貿易研究所的同學，向他打聽了國際貿易系、所教授用書及命題情形，鼓起勇氣去考了該校國際貿易研究所，沒考上；66年5月又考了一次，還是沒考上，以後再也沒勇氣考了，因那時還沒有成人學習風氣，考生幾乎都是剛畢業的年輕人。

全家開車出遊

那時文駼在專機中隊已調職總統座機組，軍方配給他一輛汽車，民國66年8月18日（星期四），我們全家從新店文芊家出發（那時文芊已和陸軍上校楊守泉先生結婚），由文駼開車，經宜蘭從蘇澳上蘇花公路，經過和平到太魯閣最驚險、風景最壯麗的一段公路，傍晚到花蓮，在空軍招待所住了一晚；19日上東西橫貫公路，沿途在長春祠、慈母橋、天祥、神木等處遊覽，夜宿梨山梨園飯店；20日在梨山賓館遊覽再折返大禹嶺、梨山，下午五點抵台中，夜宿華宮飯店；21日（星期日）再到中興新村、溪頭遊玩，晚上回新竹，結束了全家最長、也相當豐富的四天旅遊。

珮珮自曙光小學畢業了！民國66年8月25日（星期四），她在光華國中接受三天新生訓練，然後成了國中生；這年9月，小瑾也進入曙光小學就讀。因我在那一年也成了曙光女中專任老師兼導師，需要每天到學校。小瑾放了學，會從曙光小學走到馬路對面的曙光女中，到商科辦公室等我下班，然後我用摩托車載她一起回家。

第四個家的工作與家庭生活

家庭生活

因孩子們漸漸長大，需要有自己的活動空間，原來的房子實在不夠住，民國67年1月22日（星期日）我們搬到新竹市光華東街，這是一棟兩層樓建築，戶戶相連，我們家是邊間。每戶有前院，房屋背面僅以一條水溝與後排房屋的背面相接，樓上有三間臥室及浴室，樓下有一間臥室、客廳及廚房、浴室，比原來眷舍寬暢許多。這裡離光華國中、曙光小學及曙光女中都近，珮珮步行上學，侃侃、小琦都是騎車上學，後來小瑾升上二年級時也是自己騎車上學。這是我們第一次搬離居住了14年的眷村，也是我們的第四個家。7月22日（星期六）侃侃到光華國中報到，9月5

日（星期二）註冊，也成了我們家第二個國中生。

因為孩子已熟悉目前的學習環境，也有了熟悉玩伴及要好同學，文騄雖然一直在台北眷村找有人願意頂讓的眷舍，不是地段不合適，就是房子太小不夠我們的大家庭居住。我們因已頂讓眷舍，擁有眷村居住權，才能在台北再找眷舍。也因為我已在曙光女中任教，孩子們也可以照顧自己了，所以我們一時也不急於搬家，希望孩子們在學業告一段落後再分別搬到台北。到了周末文騄回來，我們會全家一起出遊，近的地方，例如青草湖、古奇峰等，我們一人一輛腳踏車騎去野餐；遠的地方，例如大埔水庫、尖石、頭份等，文騄會開車，我們一同前往。

學校工作

我成了曙光女中商職部專任老師兼導師後，生活圈也逐漸擴大，民國67年4月6日至8日，我參加曙光女中教職員旅遊，又走了一趟橫貫公路，還觀賞了武陵農場、桃山瀑布風光。因學校相當重視商職生全省技藝競賽，我也在課餘，甚至週末多花時間指導學生統計製圖，然後每年四月底都須帶選手至各地高級商職輪流主辦的全省技藝競賽參加比賽。此外，校方也相當注意高中、高職的軍歌比賽，這是導師的責任，必須出錢、出力，也要在課餘陪在學生旁邊練習，激發她們的向心力、榮譽感。家庭訪問也是當導師很辛苦的工作，學校要導師一家一家的到學生家去拜訪，還要做成紀錄，新竹市區還好，要去竹東、竹北等地，就須依賴我那輛摩托車了。

曙光女中有許多外籍修女，管理圖書館的黎姆姆是美國人，我和另外兩位擔任商科課程老師張雅善、陳應馨，會每週找出大家都沒課時間，到圖書館找黎姆姆學英文，我非常感激她，因為她給我的幫助，我英文讀、寫、聽、說能力都日漸進步。

民國68年4月27日（星期五），全國商科技藝競賽輪到在台北市立高商（現在的國立台北商業大學）舉行，全省各縣市的公、私立高級商職或高中附設商職部都可推派選手參加，我指導的統計製圖選手王菁蕙比賽結果獲得全省第三名，可以保送銘傳女子商專，校長姚姆姆及商職部負責人林修女都相當高興，王菁蕙的父親還在5月6日（星期日）中午，在滿慶樓請了一桌酒席，邀請學校行政主管及指導、提供改進意見給王菁蕙，使她獲獎的有關老師。

民國69年暑假，依教育部的新規定，我又到台灣師範大學去修了40個教育學分，檢定為貨幣銀行科教師，獲教育部頒授中等學校商科教師證書，成為高級商業職業學校合格教師。

養狗記

孩子都喜愛小動物，我家孩子們也不例外，搬了家，屋子寬敞許多，民國68年過完農曆新年後，先從關渡帶回一隻小黑狗，婆婆給牠命名多莉，後來八月出痲疹，當年新竹還沒有自行開業的獸醫院，我帶牠到農會找獸醫，獸醫給牠打針、服藥，但仍不幸死了，牠過世前還有一點力氣時，竟拖著瘦弱的身軀爬到屋外草地上等死，後來我知道這是狗的靈性，不願主人見到牠死亡。但孩子看多莉不見了就到處找，又把牠從草叢中抱回來，最後還是在家中過世，這件事我和孩子們一樣難過，只是沒有哭。多莉生了一窩小狗，我們留下一隻公狗黑皮，其他小狗送人。有一次孩子們騎腳踏車上街，頑皮的黑皮就跟在車後追，孩子們本想抱起黑皮放在車前籃子裡一起帶到街上，誰知路口竟駛出一輛大貨車撞向黑皮，牠就這樣和牠母親到天國作伴了。這事發生在多莉過世不久，可想而知，孩子們，尤其小琦哭得好傷心，因為小琦認為黑皮是她的狗。

此後，我告訴孩子們不要再養狗了，我清除屋內跳蚤是一回事，見到牠們死亡才是最讓人傷心難過的事。我以為孩子們真的聽話，也有一陣子沒再吵著養狗，誰知，到了十月，我聽到樓上有狗吠聲，上樓一看，孩子們竟然在屋頂近天花板的衣櫥裡養了一隻白色土狗！原來他們從同學處要了一隻狗，將牠命名露露。他們怕我知道不會答應他們養，就偷偷將露露養在侃侃住的主臥室與後面珮珮住的臥室上面相通的衣櫥裡，兩間相通的衣櫥空間很大，沒放衣物，露露可以在上面跑來跑去，牠吃、喝、拉、撒全在屋頂衣櫥內，孩子們放學後會抱牠玩再放回去，已經養了一個禮拜了。我要他們將狗丟掉，但珮珮、小琦哭著不肯，我只好將露露養在屋內，也讓孩子們問問誰的同學家願意養狗，找到主人再把露露送過去。過了幾天，小琦問到她班上一個男孩願意養，男孩爸爸在清華大學當教授，住在清大宿舍，我騎摩托車帶著小琦，小琦抱著露露送到男孩家，我見男孩將露露抱過去，才放心離去。

這不是孩子們最後一次養狗，民國69年5月，文驗朋友的一對雙胞胎女兒，養了一隻白色長毛拉薩狗皮皮，夏天就要到美國猶他州的楊百翰大學去念書，要將她們心愛的皮皮送給愛狗家庭收養，文騄就替珮珮答應了，所以我們的孩子最後仍養了狗。皮皮根本就不覺得自己是一隻狗，四個孩子對牠疼愛有加，牠一直跟著我們從新竹搬到台北，孩子們出國後，文騄及我照顧牠到16歲才離開我們。

孩子們及我的求學

首先離開新竹的是珮珮，她民國69年光華國中畢業後去了台北，補習一陣子進了德明商專銀保科；70年侃侃參加新竹省立高中聯招，考上新竹高中，73年考上中原大學電機系，讀大學期間住校；70年9月，小琦進了光華國中，後來在竹東高中讀了一年就轉入台北達人女中讀高二，是四個孩子中最晚離開新竹的；小瑾民國72年6月穿著白色洋裝、配戴紅花參加曙光小學畢業典禮後，就到台北就讀長安女中，那是一所只收女生的國中。我在民國74年6月辭去曙光女中教職，和小琦一起搬到台北。那年9月，到美國奧克拉荷馬州攻讀企管碩士學位，去程先在芝安洛杉磯安那翰的家停留數日。到了美國，第一個感覺是馬路變寬了、房子變矮了，和電影裡看到的情境不盡相同。求學期間，也曾到觀德工作的德州達拉斯小住數日。一年半後我以全A成績畢業，獲得企管碩士學位，先取得科羅拉多州丹佛大學教育研究所博士班入學資格，又修了一些課後，回國任教於醒吾商專企管科。

1：民國61年2月16日（星期三）黃文騄母親（中坐者）70大壽，兩位作者與長女竹珮、長子可俠、老三可琦（母親右手旁）及老四可瑾（芝靜所抱者），同攝於餐廳。

2：民國61年2月13日（星期日）春節前，黃文騄在黑蝙蝠中隊宿舍（「新房子」）值日，李芝靜、長女竹珮、長子可俠及1歲大的老四可瑾（芝靜所抱者）也來玩，同攝於「新房子」大廳，當時值日就在黑蝙蝠中隊宿舍，不需到機場也可邀眷屬陪同。平時「新房子」也開放給隊員及眷屬遊玩、下棋、打球，還可以玩吃角子老虎，當時老三可琦已於1月21日被黃文騄岳母接到他們家去玩了，14日除夕到我們關渡過年才將可琦接回。

3：民國62年9月28日（星期五）趁教師節放假，兩位作者帶孩子們到新竹動物園玩，又在真影照相館拍攝的全家福。

第十二章

馬公航空與退休

黃文騄：飛行生涯的結束與退休

馬公航空公司的飛行歲月（1987－1994）

民國76年自空軍退伍之後，恰逢國內經濟快速發展，鐵、公路運輸趕不上民間需求，國內民航業也趁勢興起，因我熱愛飛行，禁不起飛行的誘惑，又到馬公航空公司擔任機師，專飛台北松山、高雄小港、澎湖馬公三個機場間定期航班，馬公航空採用BAe 146型及BAe 748型飛機，是英國航太公司（British Aerospace）研製的兩種飛機。BAe 146是四發動機噴氣式短程支線運輸機，BAe 748則是雙發動機渦輪螺旋槳客機，兩種機型都可以在短跑道、設備簡單的機場起降，所以適合馬公機場這樣的小型機場。

為了飛行需要，我於民國77年到倫敦英國航太公司去飛模擬機，加強飛行技巧，也順便在倫敦塔、西敏寺及白金漢宮等處遊玩。

在馬公航空我飛了六年多，民國83年才因年齡已達民航局的停飛規定而終止飛行生涯。在馬公航空飛行的後幾年，我也兼任航務處長職務。停飛時，我的BAe 146及BAe 748飛行累積時數為8,825小時50分。停飛後，繼續在馬公航空擔任航務處長，並於民國84年正式退休。

退休（1995－）

緬懷飛行歲月

這一生中，從進空軍官校算起，我總計飛行了四十三年，共有將近二萬小時的飛行紀錄，飛過十九種不同類型飛機（見附錄一），獲頒勳獎章共30枚（其中勳章10枚、獎章20枚；見附錄二），其中寶鼎勳章的獲得更是至高的榮譽。緬懷這段與藍天白雲為伍的飛行日子，覺得黑蝙蝠中隊的飛行生涯真是多采多姿、值得紀念，其中最使我生命發光發熱、終生難忘的則是奇龍計畫任務的達成。然而在我黑蝙蝠中隊多采多姿的飛行生涯背後，卻交織著一群隊友盡忠職守、前仆後繼以血淚編織的英烈故事，才成就了黑蝙蝠中隊的不朽美名。我對那一群視死如歸、為國捐軀的袍澤肅然起敬，但也不禁為他們的英勇犧牲，造成多少家庭破碎而唏噓。我想，所有當年黑蝙蝠中隊一同出生入死的夥伴，一定也有同感。

所以，我們珍惜當年一同出任務時合作無間、生死與共的日子。雖然我們因工作、家庭等緣故，早已分散在國內、外各地，但遇有聚集的機會，大家一定從各地回來參加。每一年，我有兩種必到的聚集：一是當年我們執行的奇龍計畫，隊友們固定在每年5月17日前後聚會，這餐會還是我發起的，我們紀念這九死一生的任務，在大家合作無間下居然成功了；二是8月15日黑蝙蝠的隊慶，隊員無論任務先後及計畫類別，每年8月黑蝙蝠隊慶前後會一起聚集紀念。聚會時，先為當年殉職的隊友默哀；大夥再一面相互問安、一面閒話當年，越聚彼此的感情越濃密，因為這種同生死、共患難培養的情感，沒有相同經驗的人是難以體會的。

我知道有些報導，會由目前的政治現況來臧否黑蝙蝠隊員當年的行動，但我們聚會時，從不討論這些事，只是一味的把握時間、聯絡情感，說真的，我們這一群早已年過「不逾矩」的老戰友，還能再相聚幾次，誰都沒有把握！我相信每一個時代，決策者都有當時情勢之下的考量與作法，我們只要認為當年的確是勇敢的、果決的做我們義無反顧的事就對了。

踏上「奇龍計畫」飛經之處

民國77年初政府宣布開放台灣居民到大陸探親以後，不少台灣民眾到大陸旅遊，也有像我這樣的「老兵」回大陸老家探親。剛來台灣那些年，我還真想回大陸，但和芝靜交友、結婚後，思念故鄉的情懷早已被滿足的家庭生活所取代，再也不想回故鄉探親訪友，何況民國38年11月來台之前早已離開故鄉，對故鄉實在已沒什麼印象。當年來台，除我大哥之外，我母親已將二哥、妹妹們及我帶到台灣，二哥後來移民美國加州，大哥也輾轉來到美國定居，我赴美國受訓時曾多次與他們相見，老家反而沒有什麼親人，就算有，也都是已凋零的長輩，所以探親對我也就缺少了吸引力。

民國84年自馬公航空退休後，我常做的休閒活動是和有同好的老友爬山，其中也包括當年戰友馮海濤，我們爬過台北附近的陽明山、四獸山、白鷺鷥山、中華科技大學附近的南港山，爬山結束，大夥再一起吃、喝聊天，倒也逍遙快活，有時芝靜沒課，我也邀她同行。後來我還到民生社區去上老人大學，認識了好多「老同學」，還一起參加了學校旅遊，例如，民國93年5月6日至11日我參加了日本北海道的六天五夜旅遊及同年12月15日至17日的雪霸三天兩夜旅遊，我們這群「老同學」也玩得好開心，活力不輸年輕人。

我雖然多次赴大陸旅遊，到過九寨溝、張家界，也爬過萬里長城，但最想的還是要用雙腳踏上當年奇龍計畫飛經之處，仔細看看當地是什麼樣子，尤其我中學時期住過兩個多月的酒泉，是否別來無恙。民國88年9月初，我和奇龍計畫戰友馮海濤參加了旅行團，做了15天的「絲路之旅」，造訪了鄭州、洛陽、蘭州、嘉峪關、敦煌、吐魯番、烏魯木齊，最後再從鄭州經澳門返台。當我駐足蘭州、酒泉、嘉峪關、敦煌，乃至抵達新疆的時候，心中的悸動及感觸真是非筆墨所能形容，闊別三十年，我回來了，上次是在中共的雷達、戰機、飛彈、高砲環伺下，九死一生夜襲成功；這次是在純樸居民熱忱歡迎下，平靜、愉快的盡情飽覽當地風光，何等的對比！我愛這塊土地，也愛這裡的居民，雖然我是個軍人，但由衷的期盼戰爭及殺戮永遠不再發生。

CUT HERE
IN EMERGENCY
BAe 146-300

1 / 2	3

1：黃文騄在馬公航空公司服務時，與BAe 146客機合影。

2：黃文騄最後一趟飛行任務結束後，步出BAe 146 B-1776號客機機門，公司同仁在梯口迎接。

3：黃文騄在馬公航空公司飛完最後一趟任務後接受公司同仁獻花。

1：馬公航空公司創業的機種之一HS 748，共有兩架。
2：黃文騄在馬公航空公司飛機上與空少合影。
3：黃文騄在HS 748駕駛艙。

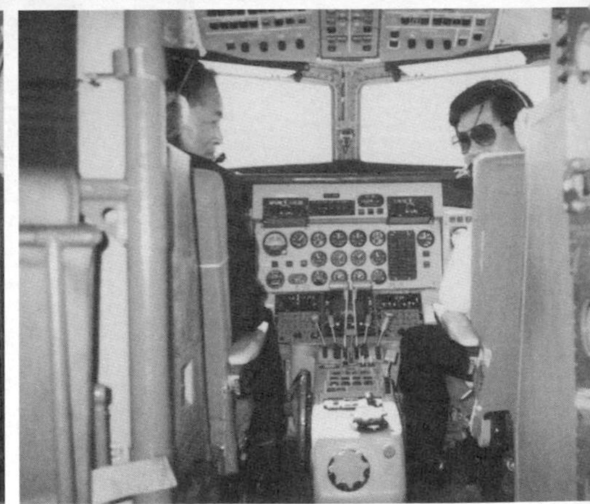

1 / 2

1：民國90年12月29日（星期六），黃文騄與李芝靜（左一）及一群經常爬山的朋友攝於陽明山，左一站立者為黃文騄，前坐者為其夫人。

2：黃文騄將軍退休後，與昔日同袍馮海濤共遊中國酒泉。兩人曾在34中隊時冒著生命危險飛到酒泉附近空投偵測儀器，黃文騄亦曾在高中時待過酒泉，如今心情也大不相同。

1：黃文騄將軍與奇龍計畫小組員每年5月17日前後都會聚餐。
2：奇龍計畫參與成員與呂德琪隊長定期聚餐後合影。

李芝靜：第五及第六個家的工作與家庭生活

第五個家的工作與家庭生活（1987－1994）

遷入第五個家

在我於民國76年9月任職醒吾商專之前，我們已在台北松山新村頂讓到一戶眷舍，賣掉新竹光華東街房子的價錢，恰好夠頂台北的眷舍。軍方規定只有具軍人身分而且無眷舍的人才能住眷村的房子，其實這是私相授受，但在當年眷村改建之前，這種私相授受方式相當流行，因我們已讓出了新竹眷舍的居住權，所以有權在台北松山新村再頂眷舍。我們在民國76年8月22日（星期六）遷入，這是我們的第五個家。剛遷入時竹珮任職貿易公司；可俠仍就讀中原大學；可琦放棄參加大學聯考，一心準備出國；可瑾就讀方濟中學高中部。

我們在松山新村的這段期間，竹珮於民國82年3月27日（星期六）與陳允武先生結婚，婚後搬出與夫家同住；可俠大學畢業，再讀交通大學控制工程研究所，獲得碩士學位後在空軍防砲部隊服預官役，駐地在高雄縣鳥松鄉（2010年12月25日五都改制，高雄縣市合併，改稱為高雄市鳥松區）。可琦到美國後就讀社區大學，先暫住加州灣區佛利蒙二哥文驤家；可瑾高中畢業後也去了美國，和可琦一起讀社區大學，也搬離二哥家兩人同住。後來可琦轉入加州州立大學就讀，主修企業管理，我赴美往返均會到二哥家與她們見面。

獲得博士學位

後來我又到美國丹佛大學繼續修完博士班課程，且在AT&T、Public Storage的人力資源發展部門從事企業員工訓練實習及在科羅拉多大學從事職涯發展與就業實習，寫論文期間曾往返台灣、美國兩地，民國79年7月，以不需修改通過論文口試，取得教育領域的人力資源發展博士學位，這一年我已50歲了。在我的論文致謝詞中，一開始就提到：「我要向我先生黃文駱致上深深感謝，沒有他的全力支持，我不可能拿到此學位，」其次我也謝謝指導教授及口試委員，但我最要謝的是文駱！他知道赴美進修一直是我嚮往的目標，他就無私的幫助我、鼓勵我，也照顧尚在求學中的孩子，使我放心的全力去做我想做的事。口試完正好趕上文駱生日，我將致謝詞夾在生日卡內一併寄給了文駱。

獲得學位後，我仍在醒吾商專任教，民國80年9月，才開始任教於銘傳管理學院企管系。在學校的活動中，偶然發現高中同班同學林麗月居然也在風險保險系任教，讓我興奮不已，高中時期，因為座位的緣故，我們交往不算親密，但這次巧遇之後，我們自然成了無話不談的好朋友。

第六個家的工作與家庭生活（1994至今）

遷入第六個家

後來松山新村改建成現在的國民住宅松山新城，眷村改建期間，我們又於民國83年4月3日（星期日）遷往東湖，成立了我們的第六個家，也是現在的家。搬到這個家之前，竹珮已生了長子陳柏翰；可俠在83年7月23（星期六）與鄭淑元小姐結婚，我們的新居正好成了他們的新房，他們婚後一週，於31日一起赴美求學；可琦工作了好一陣子後終於想開了，在美國和George Meyer先生結了婚，民國98年5月8日在台灣宴客，連我滿頭白髮的母親也來參加，看到一襲白紗禮服、美麗大方的可琦完成了終身大事，文騄和我都感到欣慰；可瑾在美國獲得內華達大學旅管管理學士學位後，輾轉到澳門工作，這樣回來更方便。孩子們來來回回的、陸陸續續的返台小住，但真正住在東湖的只有文騄和我，還有那隻曾被四個孩子寵愛有加的老狗皮皮。

將心留在天上的飛行員

民國83年後半年文騄就不飛行了，這是民航局的規定，他只得在馬公航空公司當航務處長，上班也很輕鬆，倒是常接送我上下課。在家聊天時，文騄聽到飛機飛過，就會中斷談話，告訴我這是哪一型飛機。我可以感覺飛行是文騄的興趣，也是他的第二生命，現在他不飛了，心還留在天上。有一次，我把我的感覺說出來，問他我說的對不對，他默然不語。我知道，他不能再飛行心裡是多麼的不捨，但他還有我，我有責任在我們家這個空巢期、倆老相依為命的生活中，填補他不能再飛行的缺憾。

含飴弄孫

民國87年6月底，竹珮又生了次子陳思翰，思翰兩個月大時，柏翰在幼稚園感染腸病毒，竹珮怕思翰被他哥哥傳染，就把思翰託給我們倆老照顧數日，文騄及我都欣然同意，何況我又放暑假。

思翰胖嘟嘟的臉蛋、圓鼓鼓的身體，真是愈看愈可愛，思翰也真乖，我們輪流和他講話，他就躺在床上笑得小手小腳亂動，那時他還不會翻身呢！但躺久了終於不耐煩了，開始要哭、要抱，這一下我們倆老累慘了，他好不容易睡著了，一下就又醒了，晚上也又哭又鬧、還要吃奶、換尿布，我們都弄得腰酸背痛。文騄抱著思翰時，我揶揄他：「你正在含飴弄孫呢！」文騄苦笑說：「甚麼含飴弄孫！這是被孫弄喲！」思翰才在我們家住了兩、三天，竹珮就把思翰抱回去了，我也不禁感慨以前自己帶大四個孩子，而且還抱著孩子做家事的「雄風」哪裡去了，真是歲月不饒人！

民國91年1月初，淑元在美國加州聖地牙哥生了兒子黃以恩，那時可俠尚在加州大學聖地牙哥分校攻讀博士，住在學生宿舍。前半個月淑元的母親先為她坐月子，後半個月我放寒假輪到我去。我在可俠家中照顧淑元及恩恩，也和二妹芝慮見面，那時她也搬到聖地牙哥。我2月17日返台，在美國過了農曆新年。到了那年夏天，文騄也到可俠家去抱過孫子，回來沒聽他說抱恩恩抱得好累，這一次可以算是真的享受到含飴弄孫之樂了吧！。

天倫之樂

在大學當老師，周末有時也有事，後來雖然改為周休兩日，但是沒辦法每個周末都在家。偶爾放長假的日子及寒暑假，我們也一起出遊，例如，我們曾在民國88年的元旦，和文騄的登山夥伴一同租車到南投、奧萬大去賞楓；民國90年6月30日至7月7日，我們和他大妹文芬一起到越南古芝地道、胡志明市、峴港、順化古都、河內、下龍灣去玩；民國90年8月17日至28日，我們和暫時回台的可瑾帶了柏翰到武漢登上國賓七號游輪到長江三峽及附近景點去遊覽；民國96年2月18日至23日，我們和竹珮又帶了柏翰、思翰到香港及北京、盧溝橋、萬里長城八達嶺遊玩及滑雪。至於台灣的景點，舉凡宜蘭、平溪、石門水庫、新竹的青草湖及四方牧場、苗栗的飛牛牧場，甚至從松山軍用機場坐C-130到岡山空軍官校看雷虎小組表演，我們都帶柏翰、思翰一起去。孫輩們長大了，不用背、不用抱，還會讓我們牽著手叫「外公！外婆！」這比前幾年的照顧孫子有趣多了。

學校工作

我在銘傳大學任教後，才發覺大學老師課不多，但會有演講、政府機構及民間企業諮商等活動，作研究、寫期刊論文、執行國科會（現已更名科技部）計畫、指導學生寫論文也很花時間，尤其文騄退休後，我只能下班和文騄聊聊天，偶爾一起出遊，反而沒法子多陪他。民國89年9月，銘傳成立了師資培育中心，培育國、英、數、日文、輔導、美術、商管、資訊、觀光等科目中等學校教師，因我曾任職中等學校，師資培育中心需要這樣經歷教師，所以我又漸漸從企管系轉任師資培育中心及教育研究所。民國95年8月退休後又轉任行政職，同年5月至98年5月，學校在馬祖開教育研究所在職專班的課，我又擔任了三年教師兼導師。此外，每年暑假我也帶師資培育中心的師資生執行史懷哲計畫，對學習弱勢學生進行補救教學，深深體會到這些學生多麼需要老師及社會的關懷。

我的信仰

民國79年取得博士學位後，可俠從新竹交通大學回來向我傳福音，那年年底，我成了基督徒。我的信仰彌補了我獲得學位、任教大學卻仍會有悵然若失的感覺。我也向文騄傳福音，他在民國99年初也成了基督徒。我是何等幸運，除了有文騄、有兒孫，還有教會弟兄姊妹這個大家庭。我慶幸能成為基督徒，我的信仰讓我找到和文騄廝守一生、生兒育女、努力追求目標後的人生意義。

1

2

1：民國90年6月30日至7月7日黃文騄將軍與李芝靜、大妹文芬同遊越南，從胡志明市直到河內下龍灣，7月3日在古都順化Saigon Morin Hotel晚餐時，與芝靜同扮阮朝皇帝與皇后時合影。

2：民國90年11月24日（星期六），長女竹珮帶她兩個孩子來內湖家中玩，黃文騄與兩個外孫陳柏翰（站者）、陳思翰（坐者）同攝於廚房。

後記

黃文騄

從民國97年開始，我就知道黑蝙蝠中隊文物陳列館要在黑蝙蝠隊員宿舍原址成立了。這要謝謝當時在清華大學任教的龍應台教授，在她成立的思沙龍社團中的多方鼓吹及呼籲、衣復恩將軍女公子衣淑凡的響應、空軍總部的支持、仍住在新竹的隊友李崇善與何祚明的往來奔走與協助、以及新竹市市長林政則的允諾，在已拆掉、被改成公園的黑蝙蝠宿舍原址上，照美軍宿舍樣貌動土重建，使黑蝙蝠文物館能成為一幢永久性建築。這消息使所有黑蝙蝠隊員振奮，我們當年所做的隱密任務居然會有公開的一天！

黑蝙蝠文物館完工後，新竹市政府發公文給空軍總部，要黑蝙蝠中隊隊員捐出紀念性的文物，黑蝙蝠隊友全體響應，我們都捐出可以公開展示的東西。我的軍服、飛行衣、飛行夾克、皮靴、太陽眼鏡、求生訓練的用品等全都捐出去了。不但如此，我還找廠商製作了黑蝙蝠隊徽的衣襟徽章，分送隊友每人一枚；再由竹珮陪同到松山五分埔找了一家批發商，訂製了有黑蝙蝠隊徽的圍巾，隊友人人一條，有些殉職隊友的第二代向我索取，我也都給了。

在黑蝙蝠文物館落成但尚未啟用之前，我也在孩子們回國時，開車帶他們先睹為快，自豪的指著陳列的衣、物、圖、表向孩子詳細述說他們的父親當年參與、而他們卻懵懂無知時所發生的故事。我知道我是個平凡的人，但我們做的事真的不平凡，不是我們有甚麼超人能力，只因我們這群黑蝙蝠隊友恰好在那個詭譎多變的大時代中，因緣際會的碰上了需要我們做的事，我們就當仁不讓、勇往直前的去做了。雖然黑蝙蝠隊友執行的任務有的成功、有的失敗，其實失敗的隊友何嘗不是另類成功，若沒有隊友壯烈犧牲，如何凸顯任務成功的可貴！若奇龍計畫的成功有任何一點可誇的，也是因為我們的嚴格訓練加上運氣，全組隊員合作無間、默契十足，將各自專才發揮得淋漓盡致的結果，成功歸於奇龍計畫全體隊員！

民國98年11月22日（星期日），黑蝙蝠中隊文物陳列館舉行落成典禮，芝靜和我及兒孫輩，從空軍官兵活動中心搭乘空軍總部巴士到陳列館。趙欽隊長、呂德琪隊長及當年一起出生入死的奇龍計畫戰鬥夥伴都來了，我也見到了一些多年不見的老友，還有些是已移民國外，特地回來參加的。我們參觀了館內的陳設，每一件陳設物背後都有一個可歌可泣或值得紀念的故事；我們也觀賞了黑蝙蝠的紀錄影片，每一段紀錄都勾起我們不同的回憶或傷感。

典禮開始前，我們先在文物館前搭蓋的雨棚中就坐，典禮在空軍軍樂隊演奏「西子姑娘」中展開序幕，林市長及嘉賓排成一列在文物館正門前共同舉行黑蝙蝠文物館揭牌儀式，再依序由林市長致詞、尹金鼎烈士遺孀捐獻被擊落飛機殘骸製成的鋁盆、國防部高華柱部長及呂德琪隊長等長官致詞，最後由全體隊員、空軍總司令雷玉其上將及長官、貴賓合唱空軍軍歌結束了落成典禮儀式。典禮完畢，全體隊員及眷屬再應邀到新竹空軍基地午餐後搭原車北返。

有了紀念性的黑蝙蝠中隊文物陳列館，一個將當年隊員們任務真實而具體呈現的地方，不但以後我會再來、我的家人會再來，也有更多各地、各國的人都會來。以後就算我們不在了，還是會有那個時代的人會來。我們當年用血、淚寫成的故事終於可以流傳於世了！我也因平凡如我，卻能在這個不平凡的大時代可以有一點小故事與大家分享而感到欣慰。

李芝靜

民國98年11月22日是黑蝙蝠中隊文物陳列館舉行落成典禮的日子，此後文物館就會對外開放，這代表以後會有更多人知道文駿他們的故事。雖然文物館在未開放之前，文駿及我、竹珮全家，連同不住在台灣的可俠一家、可琦、可瑾都在返台時來過，但我對要和文駿一起參加落成典禮仍然十分興奮。

那天早上文駿和我、竹珮、可瑾，帶著柏翰、思翰，還有一位可瑾在新竹念書時的要好同學，一行七人，浩浩蕩蕩搭捷運到忠孝復興站，再從空軍官兵活動中心搭空軍總部準備的巴士到新竹東大路參加黑蝙蝠文物館落成典禮。可瑾因為在澳門工作，返家的次數比住在美國的可俠、可琦要多，所以也趕上了這次文物館落成及啟用典禮。

這天蒞臨的黑蝙蝠中隊文物陳列館落成典禮來賓很多，在典禮開始前，文騄也一一為我介紹他的隊友，這些當年的英雄們有的已坐著輪椅、有的已拄著拐杖，還有不少是從國外特地回來參加的。文騄和他們聊著、聊著，不覺話變多了，嗓門變大了，這是他興奮後的表現，平時他是一個沉默寡言的人。在陳設館內，我遇到許多當年住在樹林頭第三村黑蝙蝠中隊眷村的夫人們，雖然我們都多了白髮、增了皺紋、做了祖母，但大家熱情如火的心，不因無情歲月而稍減。我也遇到以前住同一排眷舍鄰居們，在到新竹的巴士上我就遇到劉鴻翌、吳倩珠夫婦，在文物館又遇到朱康壽、趙慧漢夫婦。李國瑞、趙巧雲夫婦因移民美國沒有出席，閒談中知道李國瑞還成了紐約當地的僑領。算算日子，大家都已分開三十幾年了，有的夫人們從我搬離眷村就未曾再見面，有的人雖然後來見過，但見面的次數也屈指可數。我們在文物館聊不夠，又從文物館一直聊到新竹空軍基地餐廳，我們聊先生、聊孩子、聊孫子……，總之，巴不得將三十幾年沒有說的話一下子全都傾吐出來。黑蝙蝠中隊的先生、太太們分別多年卻一見如故是可以理解的，先生們的情感是出任務時同生共死培養出來的，夫人們的感情則是透過生活上彼此照顧、精神上相互安慰建立起來的。

回程的巴士上，我望著坐在我身旁的文騄，看著他微禿的前額、略顯發福的身材，實在很難想像和我廝守了快五十年的文騄竟然會是奇龍計畫飛了七小時、深入大陸三千多公里、成功的在新疆投下核爆偵測器、居然又平安的再飛了六個半小時循原路回到泰國、完成這麼驚險任務的英雄！我見到的文騄總是那麼溫文儒雅，在家幫我做家事、照顧孩子，甚至願父兼母職鼓勵我出國念書的好爸爸、好丈夫。他完成了奇龍計畫，獲頒寶鼎勳章、當了國軍戰鬥英雄，在家卻隻字未提，我是在他已經當了專機中隊座機組組長，奇龍計畫已經解密公開後，他才輕描淡寫的讓我知道的。文騄不告訴我一面是軍紀，一面是他認為這也沒有甚麼大不了，另一面何嘗不是因他怕我擔心害怕，因為未離開黑蝙蝠中隊之前，他自己也不知道以後會不會還有比「奇龍計畫」更危險的任務要他執行。

想到這一切，我情不自禁的握住文騄的手，正在打盹的他醒過來問我：「怎麼了？」我笑而不答，我感覺幸福而了無遺憾！這一生，有兩個重大、正確的決定：我的信仰讓我改變了價值觀，也將聖經上的話當作我待人處事的標準，它讓我的人生有了繼續努力的目標及意義；我的婚姻讓我有了溫柔體貼、愛國愛家的文騄及四個可愛的子女，在我們年老後能得到更多親情的關懷與慰藉。

雖然我也感謝Barbara修女、黎姆姆的協助，以及文騄的鼓勵，讓我獲得博士學位，但我領悟那好比是盛開的花朵，美麗只是一時，至終還是會枯殘、化為烏有。世上的一切都要過去，文騄和我努力一生，最後能留下的是四個孩子，他們及他們的孩子，還有他們孩子們的孩子，也會像我們一樣，在不同時代中貢獻自己心力，寫他們自己的故事；還有另一個可以留下的是文騄及他的黑蝙蝠袍澤們已完成的可歌可泣故事，透過隊友們的前仆後繼、視死如歸的英勇事蹟，居然能在這個大時代樂章中，譜出一些震撼人心的小小插曲，可以流傳久遠，讓後人傳頌。我以文駼及他的隊友們完成的奇龍計畫為傲，也以自己能成為黑蝙蝠的一份子為榮。

黑蝙蝠中隊文物陳列館開幕典禮時合唱空軍軍歌，第二排在黑蝙蝠隊徽下方戴深色帽、著西裝者即為黃文騄將軍，第一排中間握手杖者即為呂德琪隊長。攝於民國97年11月22日。（王清正提供）

附錄

一

黃文騄少將飛行階段、時間及機型

飛行階段	飛行起迄年月（民國）	飛機機型
空軍官校初級飛行	41年1月至41年7月	PT-17
空軍官校高級飛行	41年7月至42年8月	T-6
第十一大隊	42年9月至43年2月	未曾飛行
第二十大隊	43年2月至43年5月	C-46
第三大隊	43年5月至43年8月	P-47（F-47）
第十大隊102中隊	43年9月至53年1月	C-46
第三十四中隊（黑蝙蝠中隊）	53年2月至61年10月	B-26、P2V-7U、P-3A、C-123、U-11、C-130E、DHC-6、UH-1、S-58T、H-500P
專機中隊時期	61年11月至68年10月	C-47、C-54、Boeing 720B
總統座機組及松指部	68年10月至75年9月	C-47、Boeing 720B
情報署	75年10月至76年5月	Boeing 720B
馬公航空公司	76年6月至83年6月	BAe 146、BAe 748

資料來源：作者自行整理。

二

黃文騄少將勳獎章

日期	勳獎章別
民國59年7月	當選第二十屆戰鬥英雄[51]
民國75年	當選國軍莒光楷模
民國48年12月14日	敘頒彤弓獎章
民國49年12月01日	敘頒雄鷲獎章
民國50年12月01日	敘頒翔豹勳章
民國51年11月20日	敘頒飛虎獎章
民國52年10月30日	敘頒一等宣威獎章
民國53年12月30日	敘頒楷模乙二獎章
民國54年02月27日	敘頒雲龍獎章
民國54年11月26日	敘頒二等宣威獎章
民國54年12月11日	敘頒忠勤勳章
民國57年09月19日	敘頒三等復興勳章
民國58年06月14日	敘頒六等寶鼎勳章
民國59年11月26日	敘頒二等復興勳章
民國60年11月17日	敘頒一等復興勳章
民國61年.03月28日	敘頒甲二楷模獎章

54 此項為作者自行加入，因空軍總部檔案中亦未見記載；見第九章「奇龍計畫」中回國後獲頒寶鼎勳章及當選戰鬥英雄中的描述。

日期	勳獎章別
民國63年11月22日	敘頒鵬舉獎章
民國64年10月20日	敘頒三等宣威獎章
民國64年11月27日	敘頒一星忠勤勳章
民國66年01月26日	敘頒乾元勳章
民國66年12月13日	敘頒一星飛虎獎章
民國69年05月07日	敘頒甲二懋績獎章
民國69年12月29日	敘頒洛陽勳章
民國70年11月26日	敘頒一星一等宣威獎章
民國71年03月04日	敘頒楷模甲一獎章
民國71年11月18日	敘頒一星彤弓獎章
民國73年10月12日	敘頒懋績甲一獎章
民國73年11月05日	敘頒飛虎一星三等宣威獎章
民國74年10月11日	敘頒飛虎一星楷模甲二獎章
民國74年11月02日	敘頒二星忠勤勳章
民國75年10月09日	敘頒飛虎一星懋績甲一獎章
民國76年01月17日	敘頒二星懋績甲二獎章

資料來源：空軍總部記錄之黃文騄少將勳獎章證書。

血歷史129　PC0652

新銳文創
INDEPENDENT & UNIQUE

飛越敵後3000浬：
黑蝙蝠中隊與大時代的我們

作　　者　黃文騄、李芝靜
責任編輯　洪仕翰
圖文排版　莊皓云
封面設計　葉力安

出版策劃　新銳文創
發 行 人　宋政坤
法律顧問　毛國樑　律師
製作發行　秀威資訊科技股份有限公司
114 台北市內湖區瑞光路76巷65號1樓
電話：+886-2-2796-3638　傳真：+886-2-2796-1377
服務信箱：service@showwe.com.tw
http://www.showwe.com.tw
郵政劃撥　19563868　戶名：秀威資訊科技股份有限公司
展售門市　國家書店【松江門市】
104 台北市中山區松江路209號1樓
電話：+886-2-2518-0207　傳真：+886-2-2518-0778
網路訂購　秀威網路書店：https://store.showwe.tw
國家網路書店：https://www.govbooks.com.tw

出版日期　2018年7月　BOD一版
定　　價　370元

國家圖書館出版品預行編目

敵後飛行3000浬：黑蝙蝠中隊與大時代的我們 / 黃文騄, 李芝靜著. -- 一版. -- 臺北市：新銳文創, 2018.07

面；　公分. -- (血歷史；129)

BOD版

ISBN 978-957-8924-21-5(平裝)

1.黃文騄 2.空軍 3.回憶錄 4.中華民國

598.8　　　　　　　　　　107008109

讀者回函卡

感謝您購買本書，為提升服務品質，請填妥以下資料，將讀者回函卡直接寄回或傳真本公司，收到您的寶貴意見後，我們會收藏記錄及檢討，謝謝！

如您需要了解本公司最新出版書目、購書優惠或企劃活動，歡迎您上網查詢或下載相關資料：http:// www.showwe.com.tw

您購買的書名：________________________________

出生日期：________年________月________日

學歷：□高中（含）以下　□大專　□研究所（含）以上

職業：□製造業　□金融業　□資訊業　□軍警　□傳播業　□自由業

□服務業　□公務員　□教職　□學生　□家管　□其它_____

購書地點：□網路書店　□實體書店　□書展　□郵購　□贈閱　□其他

您從何得知本書的消息？

□網路書店　□實體書店　□網路搜尋　□電子報　□書訊　□雜誌

□傳播媒體　□親友推薦　□網站推薦　□部落格　□其他__________

您對本書的評價：（請填代號　1.非常滿意　2.滿意　3.尚可　4.再改進）

封面設計____　版面編排____　內容____　文／譯筆____　價格____

讀完書後您覺得：

□很有收穫　□有收穫　□收穫不多　□沒收穫

對我們的建議：________________________________

____

____

____

請貼
郵票

11466
台北市內湖區瑞光路 76 巷 65 號 1 樓
秀威資訊科技股份有限公司 收
BOD 數位出版事業部

（請沿線對折寄回，謝謝！）

姓　　名：＿＿＿＿＿＿＿＿　年齡：＿＿＿＿　性別：□女　□男

郵遞區號：□□□□□

地　　址：＿＿＿＿＿＿＿＿＿＿＿＿＿＿＿＿

聯絡電話：(日) ＿＿＿＿＿＿＿＿ (夜) ＿＿＿＿＿＿＿＿

E-mail：＿＿＿＿＿＿＿＿＿＿＿＿＿＿＿＿

第五課

無時無刻的幫助

智者：我希望在這一課程裡，能夠以最務實的形式給予你一些工具，用來應付生活中令人憂慮之事——它們會耗損你的靈魂、精神和身體，幾乎令人崩潰。我希望你將這些勸戒和指示帶到最熟悉的生活中，天天使用，使它們閃亮如新。它們會無時無刻地幫助你克服破壞性的元素，並吸引建設性元素的到來。

憤怒

當憤怒開始擾亂你時，做幾次深呼吸，把吸入的氣流想成明亮的光芒，使呼吸越來越深。

繼續深呼吸，直到你做了二十五次的吸氣，摒住每一次的吸氣，從一數到七為止。然後慢慢的呼出，想法仍牢牢的停留在吸氣上，在腦海裡看到氣流在你的肺部流暢，氣流的光芒貫穿身體的每一個部位。

透過沉思，把自己想成實際上是什麼樣子的人：例如，是一個充滿活力和正面思想的人。

做一點點這樣的練習，能很快的將你從憤怒的傾向中釋放出來。

當憤怒開始擾亂你時，做幾次深呼吸，把吸入的氣流想成明亮的光芒，使呼吸越來越深。

焦慮

當情況不像你希望的那樣發展，而且還發現自己越來越容易想著自己因為那些情況而感到相當不愉快，這時要盡快外出待在一個空曠的地方。盡力做到每天至少走兩英哩（約三公里），在新鮮的空氣中深呼吸，心裡懷著這樣的想法：「此刻，我正在生命、愛和宇宙的力量裡呼吸。」不要允許想法悄悄溜回舊習慣裡，把你的腦袋裝滿關於自己的宣示。

你已被賦予透過思想的力量來支配所有逆境的能力，堅持並堅定的認清這個事實，一遍又一遍地告訴自己：「此刻你的想法和感覺一切都很好。」最後外在環境必將有所回應。

疾病

如果身體是你思想的表現，那麼疾病必定是這個信念的結果——你的身體受到疾病的掌控。請每天告訴自己許多次：「所有的疾病都是不和諧思想的結果。」當你接受了這番話並視之為真理時，就會為了自己或他人，更小心翼翼的讓健康、和諧的想法持續。例如，如果你感覺頭痛來襲，就立刻做深呼吸，每一次呼吸時都複誦：「呼吸即生命，生命即完美的健康。我充滿活力，所以健康的生命，此刻就展現在我身上。」

不要允許你的想法悄悄溜回舊習慣裡，把你的腦袋裝滿關於自己的宣示。你已被賦予透過思想的力量來支配所有逆境的能力，堅持並堅定的認清這個事實。

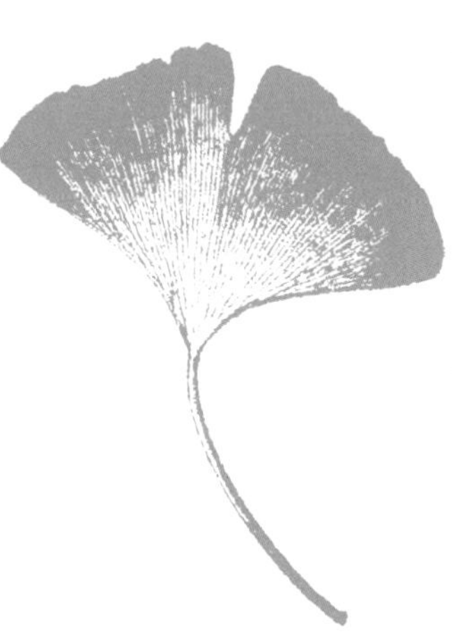

失望

這是一種微妙的破壞性力量，你必須透過與所有喜悅之事直接接觸的認同（因為它的根源——宇宙之善——與你同在），而將這種情緒無時無刻摒除在外。如果歡樂的生命不透過你所期望的管道表現出來，要知道，它就會透過其他的管道來表現。

生命希望透過你來表達喜悅，因為它把你當做一種透過你、並從你內在達成目標的工具，因為你就是為了這個目的而存在的。你可以真真切切享受生命所必須給予的所有美善之事。

做點運動，同時在心裡懷著這樣的想法。

比較好的方法是，坐在一張椅子上深呼吸，然後慢慢的呼氣，在你呼氣時慢慢的彎下腰，直到指尖能夠碰觸到地板。以如下的宣示反覆做七次：「此刻，神的喜悅在我體內流動、穿越。」

此刻，神的喜悅在我體內流動、穿越。

不滿足

當這個和平與快樂的敵人開始蠢蠢欲動時，就唱歌、唱歌、唱歌，如果你可以的話就大聲唱出來，不然就在心裡唱著，任何你喜歡的歌都可以。

注意控制你的呼吸，每天晚上，把這個想法注入到你的潛意識裡——上帝使你存在的目的是，從你內在並透過你來表現生命所有的和諧氣氛，所以你在日常生活中所展現的和睦與相處融洽，是上天賦予的權利。思索你在自然中看到的和諧與協調，並且盡力運用在想法當中，然後將它表現出來。

灰心

這是因為你無法看清，供給根源（上帝）的無限萬能力量是你無窮盡的合作夥伴。當你受到灰心的想法攻擊時，要立刻問自己：「是什麼樣的力量、為了什麼樣的目的使我變得存在？」然後慢慢地、理性地複誦：「我確實相信、也被說服，上帝是永恆、無窮的保護與供給根源。」留意你的想法，以免任何與此宣示相反的思緒蟄伏在你心靈的角落裡伺機而動，用全部的意志守著這項宣示，你會擊潰含有灰心暗示的任何力量。

恐懼

曾有位作家說過，恐懼是唯一存在的惡魔；這無疑是人所能運用的、最具破壞性的力量。

當恐懼開始襲擊你時，就要關上門抵抗它，然後心中懷著這樣的正面想法：「唯一具創造性的力量，就是思想。使人變得存在的上帝，祂這麼做的目的，是為了表現祂慈父般的愛和保護祂的孩子；相信這個事實的人，一切對他而言才有可能。我信奉上帝，萬能的天父，因為我的生命、我的智慧，此刻都展現在我的意識中。」在你這麼想的同時，可以快走或做些激烈的運動。

每當你察覺到恐懼復返，要立即宣示上帝的力量引至自己內心思想，來取代它、抑制它。簡言之，不讓思想脫離使你相信上帝以外的力量，並且相信生命精神與愛是你與生俱來的權利的觀點或論據，就絕對能戰勝恐懼。

嫉妒

嫉妒的由來，是基於一種與上帝、良善分離的感覺。盡你所能去理解，只要有生命存在，生命就必須有所付出——隨時隨地以它的整體存在，而且透過不斷認同這個崇高事實，生命才能具體表達出來。

優柔寡斷

這是由於缺乏這樣的認知：你的智慧是一項工具，宇宙智慧透過這項工具而有了特定的形式。努力去理解這個事實，這應該是一種心靈上的習慣，而不是只有在需要做決定時，才斷斷續續的試著去了解。

猜忌

這是愛最大的敵人，如果你允許它停留在你的意識裡，它最後將摧毀你享受人生的能力。恐懼和失落的反應，可以透過禱告和警覺來克服，再加上對這些文字的了解：「上帝就是生命，上帝就是愛；我就是生命，我就是愛。我不能失去愛，就像我不能失去生命一樣。」

當你感到有猜忌的傾向時，盡量常常多走遠路，同時讓想法專注在「愛」上面，但並不是你所愛的特定人，而是只有愛本身及其特質。把上帝想成愛的化身，心中不要想著任何的人格特徵，你會發現，愛會從心中湧出，像永不停息的生命之泉一般，並且不斷充溢在你的意識中。

恐懼是唯一存在的惡魔；這無疑是人所能運用的、最具破壞性的力量。

自責

一旦你開始責怪自己做了什麼錯事、或沒做對什麼事的時候，把以下這個想法注入到你的意識中：「此刻，才智與智慧正在我身上與日俱增的展現。」做一些身體下彎的運動（膝蓋不要彎曲），以指尖碰觸地板，每次當你身體抬起時吸氣，彎下時呼氣。重複這個動作六次，並且複誦剛剛所給的宣示。

當你感到有猜忌的傾向時，盡量常常多走遠路，同時讓你的想法專注在「愛」上面，但並不是你所愛的特定人，而是只有愛本身及其特質。

放縱

這種性格的產生是基於缺乏意志力：明顯的意志薄弱。而這即代表了失敗，因為你沒有給予生命未成形能量的特定想法（用來創造想要結果的必需材料）所需要的思想力量。絕對心智（思想）的控制是一件、而且是唯一一件你必須做的事、你必須成為那樣的人、或者你必須擁有那樣的條件。沒有那樣的控制力，力量會變得散漫。

如果你允許自己的思想放縱不拘，人生將會變得一團糟。舉例來說：你的一位朋友做了某件你不贊同的事，或者你並不喜歡自己目前的環境。

拒絕讓心靈一直思索著朋友不公正的行為，因為那只會為你帶來更大的不幸。控制你的想法，不要想著朋友所做的事。相反的，要思索友誼的諸多優點，這會令你的心境恢復和諧狀態。

對於所不滿的環境，也是同樣的做法。切勿在心靈中想像那些糟糕的環境並告訴自己：「它們多可怕呀！」反之，要複誦我之前提過的崇高真理：「我的心靈是天道運行的中心」等等，天道的運行必定是為了更多的進步與更好的事情。假如你堅守這個論據的原則，就會體驗到這一點。

敏感

一個高度敏感的心靈，只不過是一種「在乎自我」的心理、一種十足自私的性格。你的感覺會受到傷害，是因為有人說了你不喜歡聽的話，或做了令你不開心的事。要不然，就是他沒能說出或做到你認為他應該要說的話、要做的事。為了徹底消除這種有害的思想習慣，你要使用和對付放縱一樣的思辨方法，如果你確實做好了心靈方面的修養，你的努力將會得到報償，也會讓自己得到解脫。

不悅

一直以物質的角度看待人生，好像那就是人生中唯一實際存在的事物，這是導致心理持續不悅的直接原因。

每天晚上在入睡前，把這個想法注入到你的潛意裡：「思考我或制定支配我的法則的心智只有一個，那就是上天之愛與上天力量的心智。」

然後在翌日清晨思索這個想法。把它當做你的保護盾，用來抵擋任何不悅感的萌生。很快地你會發現，不滿與不悅的傾向慢慢消失，你將感受到的是一些更快樂的情況。

一直以物質的角度看待人生，好像那就是人生中唯一實際存在的事物，這是導致心理持續不悅的直接原因。

第六課

把所學化為行動

正當我完成手稿準備付梓時，腦海裡突然出現一個想法：對於如何成為你想成為的人和擁有你想要的東西，將方法寫成一個明確的公式，應該會有幫助。

首先，你應該努力學習，如何在思想和行為上，盡量接近你自己對上帝的想法的完美印象。乍看之下也許覺得這是不可能，更別說要達成目標。但仔細思索你是上帝以祂自己的形象而創造出來的這個事實之後，你會了解，由於祂擁有能夠從你內在看到與感覺到祂自己的智慧，所以祂會幫助你堅持到底。在你小時候開始學習閱讀時，幼小的心靈必定覺得，能像大人一樣讀得那麼好，一定會是件很棒的事；所以你繼續嘗試，於是學會閱讀。

也許你有一個很了不起的願望，願意付出一生來實現。實際上，你只需要每天花片刻的時間認真努力，進入這個關於上帝想法的精髓，在清醒的每分每秒都活在它的精神裡。然後你要找出心底願望的精神原型，在這一點上，我的意思是要抑制你關於物質欲望的所有想法。

如果你想要一個真正的伴侶，心裡就完全不要想著性格與體格狀況，只要思索與感覺愛與真實友誼的精神，不要想著任何實質的人。愛與友誼等特質無法自行顯現，需要透過「人」這項工具才能展現出來，雖然我們往往太晚才知道。

也或許，你想改善經濟狀況。我要再次重申，這不只是你想得到一筆錢的問題，金錢所象徵的意義是缺乏物質、權利與自由。

因此，你應該在晚間和清晨的時間獨處（或是你確定自己不會受到打擾的任何時間），先沉思自己與上帝的真實關係。在你的感覺被激發到確定點之後，開始思索上帝永恆無盡的本質和自由。盡量不要忽略掉這個事實——獲得金錢的最大吸引力是想法。這就是你應該掌握住一個如何賺大錢的想法的理由——如果你能堅持不懈的去領會所得到的暗示性啟發的話。

假如你這麼做，你所能掌握住的不僅是想法，還有把想法付諸實行的勇氣。將這份勇氣運用在正途上，它會帶領你走向你想要的目標——物質、愛、朋友、健康、幸福，以及邁向穿越所有寬容理解的和平。

希望以上所有一切都源源不絕的奔向你。

附錄

文詞闡釋

在這幾課裡，我以不太尋常的方式使用了一些字詞，我覺得做些說明也許對學生們會有幫助。

在此提供這些字的清單，附帶我的闡釋與托沃的見解。

絕對

「擺脫限制、約束或條件限定。」（韋氏字典）

「一種完全沒有時間與空間元素的概念。」（托沃）

舉例：在絕對中思考，就是只思索愛的本質，而未關係到你所愛的人或把愛表達出來時所透過的各種形式。

心智因其自我感應的能力而具有絕對性。

身體

表達思想和感覺時所憑藉的工具，容納靈魂的外殼。

信念

思想創造力上的一種特質，它在物質層面的表現，正好相應於一個人所抱持的信念特質。如果你相信自己的身體容易生病，那麼認為你會生病的這種思想創造力就會導致一個多病的身體。請參閱托沃的著作《愛丁堡講學：心靈科學》，第14頁。

存在

生命，控制環境與條件的生命之未形成力量。請參閱托沃著作《聖經之意義與奧祕》，第77-79頁。

基督

一種意識形態，整體而言是良善的，也是表現在生理形式上的一種感覺特質，是最完美的精神概念。

環境

相應於內在思想傾向的外在效應。

大腦

宇宙根源心靈，以個體思想的特定形式表達自我時，所憑藉的工具和行為發生之處。大腦不等於心靈，而是心靈的工具。

概念

威廉．詹姆斯說：「……既非是心智狀態，也不是心智狀態所代表的事物，而是這兩者之間的關係。」

思想

原發性創造精神或心靈的特殊化行為。

情況

心靈趨向的結果。和諧的思想產生和諧的物質與具體情況，再進一步作用，提高思想的價值。

意識

使心智能夠區別自己及其所展現的物質形體的心智活動。

創造

使某物或某事變得存在。思想是具創造性的，因為它總是將與自己一致的想法變成物質或具體的存在形式。

真理

與生俱來的，對你而言就是真理。

死亡

失去生命。喪失意識，而且無法重獲意識。舉例：假如一種想法完全從意識中刪除而且無法憶起，那麼它對你而言就已經死了。

信仰

「上天的承諾和個人信仰之間是彼此相關的。」把這兩者結合起來，透過這個思想特質上的創造力，沒有什麼是你不能做到的。「不可或缺的思想。因此上天要你信仰神，就是要你相信自己對神的信念所產生的力量。」（托沃）

一種在心靈上具有信心的盼望態度。這種心靈態度，使你的心靈善於接受精神生活上的創造性活動。完全信賴自己的思想力量，你會多次體驗到它的能耐。耶穌說：「信仰上帝，那麼就沒有什麼是你辦不到的。」這不只是訓誡之詞，它也是科學事實，只是被聲明出來而已。你的個人思想是生命（所有生命）創造力的特殊化運作結果。

智慧

宇宙的無限心智。了解它本身是智慧的工具，而且透過這個由智慧使它變得存在的工具，智慧才得以運作，這樣的心智，方擁有最高等的智慧。

愛

宇宙生命和宇宙法則是為一體。

你存在（你的生命）的法則是，你是以神的形象被創造出來的（創造性的力量使你變得存在），因為你是神自我特殊化的結果。

你生命的法則是，你的心靈是：「宇宙心靈在自我演進階段中的個體化結果，在這個演進階段裡，心靈的領悟力獲得提升，從對有形事物的領悟提升至無形事物，所以能看透隱藏在外在表象背後的真相。由於你的身上重現了上天的創造功能，因此你的心智狀態或思想模式一定會在你的身上和在你的環境中，將它們具體化。」──（托沃）

精神

我們無法分析精神（或生命）的本質，但是我們可以領悟精神可能會是什麼，它是一種自我創造的力量，這種力量根據自我而行動與反應，以凡人無法想像的方式，從宇宙以至於人的身上重現自己（就像當你在回憶時，心靈能根據它自己而行動與反應）。所有有形事物的根源。它獨立於時間與空間之外，它必定是純粹的思想，是含有資訊的意識的具體表現。

一種自我行動和自我反應的非物質創造性力量或支配力。它的行動只可能是思想，因為思想是唯一可理解的非物質行為。

專注

「使心靈進入一個均衡平靜的狀態，在這種狀態下我們能夠有意識地將心流導向一個明確可辨的目的，然後小心地守護著我們的思想，以免誘發出逆流。」《愛丁堡講學：心靈科學》，第88頁（托沃）。

觀想

內在或心靈的想像（在想像中看見）；生命的創造性力量所採取的特殊表現形式；把任何思索出來的想法在你心靈中創作成畫面的行為。

詞語

你的個人思想是原發心智（力量本身）的特殊化詞語或行為。

「它啟動生命的乙太能量振動，使生命往某個特定方向移動。」也就是引起特定活動的詞語。

「事情起始的根源。」將你的詞語種籽種植在宇宙的主觀心智裡，那麼一定會得到相應的東西，就像種下罌粟種籽會得到罌粟一樣。

使無形的東西具體化的信念（無形的詞語，也就是思想）。

我的心靈是天道運行的中心，
天道的運行是爲了生命的擴展與更全面的表現。

New life

14

New life
14